ヘンリー・ジェイ・プリスビロー

# 意識と感覚のない世界

実のところ、麻酔科医は何をしているのか

小田嶋由美子 訳
勝間田敬弘 監修

みすず書房

# COUNTING BACKWARDS

A Doctor's Notes on Anesthesia

by

Henry Jay Przybylo

First published by W. W. Norton & Company, Inc., 2018

Japanese translation rights arranged with
Henry Jay Przybylo c/o David Black Literary Agency, Inc., New York
through Tuttle-Mori Agency, Inc., Tokyo

# 目次

はじめに　i

第1章　深い眠り　3
麻酔科医はいつも手術前の数分で患者とその家族の信用を獲得しなくてはならない。なんと説明すれば信用してもらえるだろうか？　そもそも、「麻酔薬」とはどういうものなのか？

第2章　麻酔科医のコマンドセンター　17
プリスビローはある日、手術中に注射器の取り違えという初歩的なミスを犯してしまう。ミスを防ぐための器具の配置、手術が予定どおりいかなかったときの想定——麻酔科医の仕事は、手術のずっと前から始まっている。

第3章　五つのA　31
感覚がないことを意味する「麻酔」という言葉は、麻酔科医が行う管理のすべての目標を十分に言い表していない。麻酔科医が理想とする患者の状態を保つために必要な、目標とすべき〝五つのA〟とは。

第4章　線路のような麻酔記録……43
手術中に記録される患者の血圧や心拍数を示すマークや点。この二つの記録が時間とともにまっすぐで平行な線路のように伸びていくのが、理想の麻酔管理だ。だが、手術の現場では、得てしてローラーコースターのような麻酔記録と格闘することになる。

第5章　マスクの恐怖……51
麻酔用の吸入マスクは、大人の患者にすら恐怖を抱かせるもので、生涯続く恐怖症を生むことにもなりうる。ましてや子どもの患者の不安を取り除いて、ストレスなく麻酔で眠りにつかせるには、麻酔科医がコミュニケーションで「ひと工夫」する必要がある。

第6章　絶飲食……75
四歳のマイケルは先天性の腸閉塞の手術を控えていた。彼の手術は、前日の真夜中以降「絶飲食」が必須だった。プリスビローがマイケルの麻酔の準備を始めようとすると、マイケルは「シリアルを食べた」と言うのだが……？

第7章　心臓の鼓動……………………………………………………89

心臓の疾患をもっている患者の麻酔管理にはいつにも増して困難がつきまとう。低下している心臓の機能を維持し、かつ患者を鎮静状態にするという課題を両立させなければならないのだ。そして今日も、プリスビローのもとに心臓に異変の起こった患者がやってくる。

第8章　特別変わった患者……………………………………………105

プリスビローは患者にVIPなど存在せず、すべての患者を同じように扱うことを信条としていた。しかし、ときに特別な患者を担当することもある。ある朝、同僚に連れられて行った先には、「一頭」の子どもが……。

第9章　つきまとうミス………………………………………………119

麻酔薬は、ときとして患者の容態に思いもよらない影響を与えてしまうことがある。どんな麻酔科医も一度もミスをしないということはありえない。これまでにプリスビローが犯してしまったミスとは。

第10章　待たされる側になると……135
ある日、プリスビローの息子のジェイソンは脳外科手術を受けることになった。いつもは中にいる手術室の外で待つことになった麻酔科医は、医師として、父親として、何を思うのか。

第11章　折り鶴……145
あるときプリスビローは、麻酔の専門知識を教えるために中国に招かれる。最先端の医療施設に驚いていると、ある病室の前で足が止まった。少年が寝ているその部屋のベッドの上では、何十羽、あるいは百羽以上の折り鶴が揺れていた。

第12章　囚われた脳……163
患者の苦痛を取り除くことは、麻酔科医の重要な使命である。しかし、「痛い」と口に出せない患者の痛みは、本当に取り除けているのだろうか？　プリスビローにそれを気づかせたのは、ある脳性麻痺患者の男性だった。

第13章　目で見て、やってみて、教えてみよ……173
手術の前、多くの患者の親の要望と麻酔科医のすべきことが食い違うことがある。「研修医に触れさせないでほしい」「その麻酔方法はやめてほしい」。そんなとき、どうすれば自分を信用してもらえて、理想とする麻酔管理を行うことができるだろうか。

第14章　覚　醒……191
麻酔はもちろんかけっぱなしではなく、覚ます必要がある。鎮痛をしながら脳だけを機能させたり、あるいはゆっくりと覚醒させたり、麻酔薬の副作用が残らないようにしたり。ストレスなく患者の目を覚まさせるのも、麻酔科医の重要な仕事だ。

第15章　安全な旅路……197
患者と家族の不安を和らげてくれそうなお守り、魔除け。プリスビローは可能なかぎりそういったものを手術室に持ち込めるように力を貸してきた。そして手術という長い旅が終わるまで、お守りは患者をずっと守るべきものなのだ。

*各章の内容紹介文は日本語版編集部による。

# はじめに

私は麻酔科医である。私は、患者の意識を消し、記憶を失わせ、時間を盗み、体の自由を奪う。そして、心拍数、血圧、呼吸数を変え、後になってこうした効果を元に戻す。手術中には痛みを取り除き、手術後は痛みが出ないようにする。私は病人をケアし命を救ってきたが、自らの手で治療を行うことはめったにない。麻酔科医として私が手がけるほぼすべての仕事は、手術室にいる他のスタッフから離れた場所――両開きの自動ドアの陰――で行われ、外科医が切り裂き、胃腸科専門医が検査器具を押し入れ、心臓専門医がメスを突き刺すことを可能にしている。私が担当する患者たちは、私を信頼してくれるが、患者と私が引き合わされるのは、たいてい手術や治療が行われる数分前なので、それが終わった後に私の名前を覚えている患者はほとんどいない。

私は人々を昏睡状態にし、私が使う薬剤は麻痺を生じさせる。患者やその家族に麻酔の仕組みについて聞かれることは一年のうちに数えるほどしかないが、麻酔をめぐっては、現代科学をもってしてもいまだに説明できない謎が多く残っているのである。それでも私は知っている。朝になれば必ず太陽が昇るのと同じくらいはっきりと。私が吸気にガスを加えれば意識が消え失せ、ガスを止めれば意識が戻る。

この仕事にはぞっとするほど重い責任があり、ルーチンワークと思ったことは一度もない。

米国では毎年四千万人が麻酔を受ける。麻酔は患者への必然的なリスクをともなうもののなかで、もっとも頻繁に実施されている医療行為である。麻酔科医はいたるところに現れるが、ほとんど目に見えない存在でもある。メスが振るわれる前に無痛状態になっているのは当然だと思われているからだ。多くの人々——多いときには一年間に一億人——が急性のあるいは慢性的な痛みから解放されたいと願っている。人間にとって「痛み」は健康上最大の問題なのだ。

私は、大規模な大学の医療制度のなかで三〇年以上麻酔科医として経験を重ね、来る者は拒まずの姿勢で三万回以上麻酔をかけてきた。相手は、新生児から、子ども、働き盛りの大人、そして一〇〇歳の老人までさまざまだ。ごく軽微な治療（ほくろ除去や感染予防の鼓膜チューブ留置など）を受ける患者から、生死にかかわる手術（脳動脈瘤の切除）を受ける患者まで。私は、子どもの麻酔を専門としており、平均すると年におよそ一〇〇〇人の子どもたちを扱う。その子どもは、組織や骨が透けて見えるような肌を持つ七〇〇グラムの極小未熟児から、とんでもなく太ったティーンエイジャーまでバラエティに富んでいる。

麻酔科医に規則正しい生活はない。日中に行われる大腸内視鏡検査であれ真夜中の緊急外傷手術であれ、私たちのケアと専門知識が常に要求される。病院には、いつでも出勤要請に応じられるオンコールの麻酔科医がいる。来る日も来る日も私は、目を覚ましている時間の大部分を両開きの自動ドアの陰で、ぽつんと一人で過ごしているのだ。

麻酔科医にメディカルスクールで学んだことを忘れる贅沢は許されない。おそらく他のどんな専門医も、麻酔科医ほど基礎科学（解剖学、病理学、生理学、薬理学）および臨床医学の全分野（内科、外科、小児科、産科、場合により精神科）に精通し、他の想定しうるすべての専門分野にかかわる広範囲かつ包括的な知識を維持している者はいないだろう。毎日のように、生理学や病理学や薬理学の専門書をめくって情報を探す必要が生じる。手術前に麻酔前室で患者と会ってから、手術後痛みのない状態で患者を家族に引き渡すまで、私はその患者の主治医だ。麻酔管理をしているとき、私は内科医、産婦人科医、そして小児科医になる。ほくろを除去する予定になっている子どもは心不全かもしれない。脳動脈瘤が破裂した女性はリウマチ性関節炎による痛みと関節の変形で苦しんでいるかもしれない。手術中に状況が悪いほうに転がったとき、大量に失血し心拍リズムが乱れたとき、患者のバイタルサインを正常に戻すのは麻酔科医の仕事である。

一七〇年以上前、ガスを吸い込むと意識が奪われること、それを利用して侵襲的な治療を行えることがわかると、医学は爆発的に発展した。この医学的な発見の重要性は今日もなお色あせてはいない。それどころか、麻酔を受ける患者の数は年々増えている。権威ある医学誌『ニューイングランド・ジャーナル・オブ・メディスン』（ＮＥＪＭ）がその華々しい歴史において掲載した論文のなかからもっとも重要な一本を選ぶ読者投票を行った。読者が選んだ「栄えあるベストワン」は、一八四六年のＮＥＪＭに掲載された、エーテルの吸入による無痛手術（当時はまだ麻酔（Anesthesia）という術語はなかった）の公開実験についてヘンリー・ジェイコブ・ビゲローが書いた論文だった。これは、ボストンにあるマサチューセッツ総合病院のエーテルドームで行われた歴史的な公開実験から数カ月後に発表され、消毒法、Ｘ線写真、抗生物質の発見など、その後のあらゆる画期的な進歩に関する論文を抑えて一位に輝いた。

この公開実験から一世紀半以上が過ぎたが、私は患者や家族に質問される自分の専門分野についてのごく基本的な質問――先生が使うガスはどうやって痛みをとるのですか――に答えることができない。長年に及ぶ研究にもかかわらず、麻酔が作用するメカニズムはいまだ謎なのだ。しかし、私は麻酔ガスを信頼しなければならない。患者とその最愛の人たちが麻酔科医に信頼を寄せ、当の麻酔科医はガスを信頼するというのは、私たちの仕事の皮肉な側面かもしれない。いろいろな意味で、私は信頼をよりどころとする信仰治療師である。

麻酔薬を投与するとき、私はいつも患者に「一〇〇からカウントダウンしてください」と言う。この方法は、昔から続く麻酔科の伝統である。半世紀前に即効性のあるバルビツール酸系麻酔薬が開発され、秒単位で意識を消失させることが可能になると、麻酔科医は麻酔の効果が現れるスピードを知りたくて、患者に一〇〇から順にカウントダウンさせるようになった。一〇〇……九九……九八……

カウントする声が止まる。

私の経験では、九〇より先まで数える患者は一人もいない。

# 意識と感覚のない世界　実のところ、麻酔科医は何をしているのか

# 第1章　深い眠り

アマンダは深い眠りを必要としている。彼女の五年間の人生で経験したことのなかった眠りを。彼女はいつも鼻が詰まっていて、息をするのがつらかった。やっと眠りについても、いびきをかき、絶えず鼻水がたれてくる。増殖する組織の塊「アデノイド」が鼻へと通じる通路をふさいでいるのだ。アマンダの担当外科医は、彼女の口から大型の器具を舌の奥へ押し入れ、扁桃腺の先にある不用なアデノイド組織を搔爬《そうは》または焼灼《しょうしゃく》――外科医が症状に応じて適切な方法を選択――して、鼻までの空気の通り道を拡げる必要があった。この処置のあいだ、アマンダにはじっと体を動かさず、口を開き、その口を開けたままでいてもらわねばならない。外科医が咳や催吐《さいと》反射に邪魔されず手術器具を喉の奥深くまで入れて、泣いたり叫んだりされずにアデノイドをメスで摘出できる状態に保つのだ。こうしたすべてを可能にするために、アマンダには麻酔で深い眠りに落ちてもらわなければならない。

アマンダはカートの上で膝をたたんで座り、おしりからつま先がのぞいていた。彼女はマットレスに肘をついて前屈みになり、楽しげに目の前の紙に色を塗っている。これから何が起こるのかなど気にもしていないようだ。私が麻酔前室に入ったことにも気づいていなかったと思う。少女の両親はカートの脇に窮屈そうに立ち、不安を隠しきれない様子だった。私がどうやってガスで娘に麻酔をかけるのか、果たしてそれは安全なのか。

「この仕事に就いてから何千回と処置を行ってきましたが、私の麻酔が失敗したことは一度もありません。つまり、一〇〇パーセントの成功率です」と私は説明した。二人の目つきが少しだけ和らいだが、まだ完全な信頼は得られていないようだ。

医療の世界で最近しきりと使われる語に「透明性」がある。あらゆる治療オプション、すべての利点、考えられるかぎりの合併症について説明したうえで、患者——アマンダの場合は両親だが——に決定を委ねる。私も他の人（私の妻と子どもたちだ）のために手術の同意書に署名したことがある。人生において、だれかの代わりに、生涯にわたって影響があるかもしれない決定を下す以上のストレスはない。たとえこの世界にそのだれかを生み出したのが自分自身であっても。このストレスは手術が近づくにつれて大きくなり、私が話せば話すほど患者と家族は耳を貸さなくなる。患者たちは私の経験と専門知識を当てにして私のところにやってくる。彼らは、私の「オススメ」を聞きたいのだ。そう、自分や家族が同じ立場だったら私がどんな選択をするのかを知りたがる。たいていの人は自分で決断することを避けようとする。知識のないこととなればなおさらだ。アマンダの両親は麻酔のことも私が予定している作業手順も理解していなかった。とにかく、できるかぎり平易な言葉で麻酔の手順を説明してみよう。

「実は、すごく簡単なんです。私がこのドアを通り抜けてから」と言いながら、私は麻酔前室のガラスの引き戸を身ぶりで示し、こう続けた。「お嬢さんが眠るまで、二分とかかりません。マスクをつけて、八回から一〇回ほど息をすれば、ぐっすりです」

アマンダの両親は保証と確約を求めていた。「万が一何かあれば、それは私の問題です。そのときは、私のところに来てください。問題が起これば、その責任は私にあります。でも、私は問題が嫌いなので、何も起こらないはずですよ」

石に保証の言葉を刻みつけたいくらいだとも言ってみたが、それはできないので、こう付け加えた。「私が担当した数千回の手術では、常に健康な患者がやってきて、健康な患者が出ていきました」

二人は感銘を受けたようだった。

「手術が終わると、私はガスのスイッチを切り、アマンダは新鮮な空気を吸って、麻酔の影響は消えていきます。厳密に言えば、手術室を出るころに彼女は目を覚ましますが、意識が戻るまでにはさらに数分かかります。アマンダが自分のいる場所を理解したら回復期に入ったということです。そうなればすぐに娘さんに会えますよ」

私が患者や家族と初めて顔を合わせてから麻酔エリアへと移動するまで、時間にしてわずか三分ほどである。その数分間に、彼らから信用を獲得して、私のケアを信じてもらわなければならない。

まもなくアマンダは手術室に移され、混合ガスを吸って入眠する。

あらゆる痛みを和らげ、鎮静し、癒やし、予防して、悪い夢や考えを払いのけ、医療処置のあいだ、患者を従順にする魔法の錠剤。そんな魔法の錠剤は医薬品業界にとって究極の夢である。実は、それはもう見つかっている。ただし、錠剤ではないし、自然のものではない。それは、合成されたガスである。

揮発性物質とは、常温で大気中に揮発する液体である。揮発性物質は日常生活のなかでごくあたりまえに使われ、洗浄液、漂白剤、ペンキ、除光液、（そして私にとって一番重要な）麻酔ガスなどに含まれている。「揮発性吸入麻酔」という語は、ガスを呼吸して麻酔状態を誘発することを意味する。エーテルも気化しやすい揮発性物質のひとつである。医療におけるその魔法のようなメリット――痛みのない手術――は、一八四〇年代に初めて明らかになったが、その歴史ははるか以前にさかのぼる。

八世紀、ペルシャのイスラム教指導者で錬金術師だったジャービル・イブン・ハイヤーンは、エーテルの合成に成功しかかっていた可能性がある。彼はエーテルの合成に必要な成分を使用したことがあるとされている。アルコール反応を生じさせるために必要な硫黄もそのひとつだ。ただし、ジャービルが実際にエーテルを生成できたのかどうかについては推測の域を出ていない（エーテルの件はともかく、ジャービルは傑出した人物であった。著名な哲学者、地理学者、言語学者として、三千冊もの本を書いたといわれている。ジャービルのラテン語名は「ゲーベル Geber」といい、語源学者は、彼の多作ぶりと分野を超えた幅広い著作から「わけのわからないこと、専門用語」を意味する「gibberish」という語が生まれたとしている）。

一五四〇年、ドイツの医師で植物学者、錬金術師でもあるヴァレリウス・コルドゥスは、二九歳で終えた閃光のような人生において、酒精強化ワインと硫酸を混合して、いわゆる「oleum dulce vitrioli」を生成した。このルネサンス期の洗練されたラテン語は、「甘い礬油《ばんゆ》（硫酸）」と訳された。ドイツ系スイス人で、コルドゥスと同時代に生きたパラケルススが、鶏がエーテルで眠ることを発見すると、エーテルの医学的特性が注目され、さらに興味を引くことになった。パラケルススは、脳卒中の治療にエーテルを試したといわれているが、その結果は不明である。もしかしたら彼は、侵襲的な手術を可能にする、甘い硫酸が生じさせる無痛状態を発見するところまでいったのかもしれないが、彼もまた若くして不可解な死をとげたのだった。

一七二九年、ドイツ生まれの化学者アウグスト・ジークムント・フロベニウスが「oleum dolce vitrioli」の合成法を記述し、それをギリシア語で「燃えている」または「燃えさかる」という意味をもつ単語（エーテルは非常に引火性が高いのだ）から「エーテル」と名づけた論文を発表するまでにさらに二世紀が経過した。エーテルには高層大気という意味もある。エーテルがすぐに液体から気体へと変化する揮発性物質なので、理にかなっている。

この時期、空気薬——治療の手段としてガスを吸入する——が流行し、エーテルの霧を吸い込むと多幸感を得られることが知られるようになった。当時の医学生は、今日の学生たちと同じく、勉学や仕事により強いられる熱が出そうなほどの緊張感から気を紛らす目新しい「何か」を求めていたので、気晴らしを与えてくれる「エーテル遊び」に飛びつき夢中になった。

そのころの治療法は、科学に基づくものではなく、たとえば喘息には干して挽いて粉にしたヒキガエルを使い、腸閉塞のときは生きた子犬を胃のあたりで抱きしめ、菌に毒された血はヒルに吸わせ、喉の痛みには犬のフンを使うといった具合だった。しかし、やがて錬金術——鉛を金にするなど、一つの混合物が別の混合物に変わるという考え方——が化学へと発展して、空気が個別の気体（酸素、窒素、二酸化炭素）に分離された。ジョゼフ・プリーストリーは、一七七二年に初めて亜酸化窒素（笑気）を合成した。彼は、化学者であり、『英文法の基礎』を書いた著名な文法学者でもある。化学者のハンフリー・デービーは、一八〇〇年以前に、この無色無臭の気体が強い幸福感をもたらし、手術中の痛みを抑えることもできると記していた。ただ、デービーはこれを麻酔の目的で使おうとはしなかった。十九世紀に変わるころ、観客を楽しませる笑気ガスのショーはビジネスになっていた。

一八三〇年代、サミュエル・コルトは、「ニューヨーク、ロンドン、カルカッタを席巻するコルト博士」と自称して、笑気の効果を実演し、さらに観客に参加させて、一人あたり二五セントの見物料を取った。コルトがポスターに掲げたキャッチコピーはこうだ。「笑気ガス大公開。笑って、歌って、踊って、しゃべって、ついでにけんかしろ」。このショーで稼いだ金はコルト社製リボルバーの開発に使った。数年後、ニューヨークでは、P・T・バーナムが「バーナムのアメリカ博物館」をオープンした。そこでは、訪問者が笑気ガスを試すことができた。巡業公演では、「社会的地位の高い紳士限定」という入場制限をつけ（ただ、あるポスターには女性の絵が描かれていたが）、アルコールも二日酔いもなく、つかの間気分が急上昇するガスを観客に体験させた。

一八三九年、ジョージア州の農村部で一人の奴隷が無理矢理エーテルの気体を吸わされた。見物人たちは、彼が酔っ払ったようになって踊り出すのを期待していた。しかし、奴隷の少年――この子の名前は記録に残っていない――が気絶して長時間目を覚まさず、このふざけた見世物に不穏な空気が漂った。あわてた野次馬たちが医者を呼び、医者はエーテルの効果が消えて少年が意識を取り戻すまで見守ったが、見たところ少年に悪影響は残っていなかった。エーテルを使ったお遊びの目的は、吸引者の意識を失わせることではなく、体の自由がきかなくなってよろめく姿を見物人が楽しむためだった。この偶発事故の噂は、近郊の医者たちのあいだに広まった。

同じころ、ペンシルバニア州で医学を学んだジョージア州出身の医師、クロウフォード・ロングがエーテル遊びを地元に持ち込んだ。ロングは一八三九年の事故を知っており、それが彼のその後の行動に影響したと考えられている。ロング自身はこう言っている。「一八四一年十二月、あるいは一八四二年一月のある晩、ジョージア州ジェファーソンの村で集まった若者たちに笑気ガスの吸入について話したんだ。すると、彼らからガスを少し用意してくれないかと頼まれた。私は、気体の準備や保管のために必要な器具を持っていないが、同じような高揚感をもたらし、しかも安全な物質（チオエーテル）ならあると言った」。チオエーテルを吸入しその効果が消えた後、ロングは説明できないすり傷やあざができていることに気づいた。ロングが他の人の様子を観察すると、このガスの影響下にあるあいだ、彼らは切り傷やあざを負っても反応しなかった。

さて、ロングの知り合いに、ジェームズ・M・ヴェナブルという若者がいた。彼は、ちょうどいいときに、ちょうどいい場所に居合わせ、おまけによき仲間に恵まれていたようだ。二〇歳の誕生日まであと数カ月というとき、ジェームズは、首のはれものについてロングの助言を求めた。ロングは、外科的に切除してはどうかと勧めた。ヴェナブルは痛みを恐れたが、ロングは痛みを感じずにできものを切除できると請け合った。一八四二年三月三〇日、ロングはタオルをたたみ、エーテルを染みこませてからヴェナブルの鼻と口にタオルをかぶせ、息をするように言った。数分後、意識が戻ったヴェナブルはまったく痛みを感じないと言い、そのときには切り取られたできものが膿盆にのっていた。これは、吸入したエーテルにより無痛手術が安全に行われた最初の例として知られている。

そのとき、ロングはこの出来事を論文にはしなかった。しかし、彼は、エーテルの代金として二ドルの請求を帳簿につけた。無痛手術に対する初めての請求書というわけだ。ロング、それに彼の家族や医者仲間は、論文を発表しなかったことのもっともらしい言い訳をし、彼の偉業を主張した。彼の住まいは一番近い新聞社から二〇マイル離れていて、最寄りのメディカルスクールからはその何倍も遠くにあったというのが、彼の言い分だった。ロングは、論文の発表には、患者が一人きりでなく、数件の症例報告が必要だと思っていた。しかも、まだ二九歳の若さだったため、自分がやったことを年長の医師たちに信じてもらえないのではないかという不安もあった。深い眠りによって人からすべての感覚を奪うという行為は、当時は冒瀆的だと捉えられてもいた。名前はわかっていないが、一人の聖職者が後になって「麻酔は悪魔のしかけた罠である……苦痛を訴える必死の叫びを神から奪うものだ」と決めつけた。ジョージア州の農村に住んでいたロングにとっては、手術のことを秘密のままにしておいて正解だったのかもしれない。

一八四四年〔訳注：原文は一八四五年となっているが、一八四四年の誤りと思われる〕、コネチカット州。ホーレス・ウェルズという名の歯科医がバーナムの弟子が実演した笑気ガスのショーを見た。実際の効果を目にした彼は、痛みのない歯科治療の方法を発見したと確信した。翌日、ウェルズは自ら笑気を吸入し、友人の歯科医が彼の歯を抜いた。無痛効果が確認できたので、ウェルズはすぐに笑気吸入の効用を見せる公開実験をする手配に取りかかった。公開実験の場所としてボストンが選ばれ、一八四四年十二月、歴史に残ることのなかったホールにおいて、ウェルズは医学生に笑気を吸入させ抜歯するという実験を行った。しかし、学生は手術中に痛みで叫び声を上げた。当時、効力という概念はまだ知られていなかった。つまり、笑気は侵襲性の高い治療で無痛状態を生むほどには十分な効力がなかったのである。この失敗のためにウェルズはあざけられ、彼の名声は地に落ちた。彼は歯科医をやめたが、堕落した生活を送るようになり、一八四八年には、感覚を麻痺させることが知られるようになった別の吸入ガス、クロロホルムの中毒になる。ウェルズは、錯乱して二人の女性に硫酸をかけ、収監されたニューヨークの刑務所で自殺した。

ウェルズのパートナーとして歯科診療所を開業したウィリアム・モートンは、ガスの吸入により治療の痛みをなくすことの重要性を理解していた。ウェルズの実験の失敗でパートナーを失ったモートンは、恩師であったチャールズ・T・ジャクソンに相談し、ジャクソンからエーテルの使用を助言された。彼が何人の患者に実験を行ったかについては諸説あるが、エーテルを使った実験の後、一八四六年、モートンはウェルズと同じボストンの地で、無痛手術による顎部腫瘤切除の公開実験に踏み切った。しかしこの実験の前に、自身の発見の重大性を考慮し、彼はまず特許事務所を訪れたのであった。特許申請書には、無痛の状態を生むためのガスの投与だけでなく患者にガスを送り込むために使用する装置についても記載されていた。モートンは、エーテル溶液を染みこませたスポンジが入ったガラス容器と患者につける木製のマウスピースを設計した。彼は、この発見が法的にはもちろん、新聞および学術誌にも正確に記録されるよう抜かりなく準備した。

モートンは、笑気の利点（無臭である）と欠点（効力が弱すぎる）を理解していた。そのうえで、エーテルの欠点である刺激臭を受け入れることにした。なんといっても、こちらは笑気とは違い、確実に患者の意識を奪うことができるのだから。モートンは、近くにいる観客がこのにおいに気づかないようにフラスコにエーテルを閉じ込めたうえで柑橘油を足してにおいをごまかすことにした。

一八四六年十月十六日、モートンはマサチューセッツ総合病院の手術室にエドワード・ギルバート・アボットという名の患者を迎え入れ、公開実験を開始した。患者がガスを吸い込むと、モートンは執刀する外科医に呼びかけた。「先生、患者の準備が整いました」。外科医は患部にメスを走らせたが、患者は無反応だった。手術が終わると、外科医のジェームズ・ウォーレンは、聴衆のほうへ向き直り、こう宣言した。「みなさん、これはインチキではありません」。この実験に使われた手術室には「エーテルドーム」という新しい名が冠され、記念碑的な場所として現在も保存されている。公表された論文は、痛みのない手術の時代の到来を告げるものとなった。ただ、この論文の著者はモートンでもウォーレンでもなく、公開実験の準備を手伝った別の外科医で、この手術に立ち会ったヘンリー・ビゲローであった。「リーセオン（Lethon）」と名づけられたモートンの特許は無事に承認された。モートンは、その川の水を飲むと記憶がなくなるというギリシア神話のレーテー（Lethe）川からこの名前をつけた（私に言わせれば、この名前は「致死（lethal）」という語に近すぎる。「lethal」はラテン語で「死」を意味する「letum」に由来する。まあ、どうでもいいことだが）。エーテルドームの狭さとその構造のために、ガスのにおいがわかるほど患者から近い位置に多くの見物人が集まっていた。この公開実験に立ち会った人々は、柑橘油にごまかされず、すぐに手に入る化学薬品であるエーテルのにおいに気づいた。偽装用の柑橘油についてはその後話題に上らなくなった。

エーテルの吸入による無痛手術が成功したニュースは、瞬く間に世界に広がった。ポニーエクスプレス〔訳注：馬による郵便配達〕も電報もなかった時代にもかかわらず、エーテルドームでの実験からわずか数カ月でこの快挙について報じる記事がハワイからパリまでさまざまな土地の新聞に掲載されたのである。ニュースがあまりにも早く世界を駆け巡り、エーテルがきわめて頻繁に使用されるようになったため、ほどなくフランシス・プロムリーという人物が英国の医学雑誌『ランセット』誌にエーテルの効果に関する記事を寄稿した。彼は、この効果には、頭がふらつくがメスで切られる準備はできていない「吸入ガスが少なすぎる状態」から、「興奮状態」を経て、外科的麻酔と呼べる「最適な状態」までの段階があると解説した。

一カ月後、「無感覚」を意味するギリシア語の「anesthesia（麻酔）」という語が、オリバー・ウェンデル・ホームズ・シニアからモートンへの手紙の中で初めて使われた。ホームズは、ボストン在住の詩人で医師で大学教授だった人である。そして、「anesthesia」という言葉が定着し、モートンが特許申請書でエーテルにつけた「Letheon」のほうは忘れ去られた。

アマンダの母親は、麻酔の歴史など知らないし、私が説明した手順に困惑顔で、アマンダが一分もかからず化学的に昏睡させられるなんて信じられないといった様子だ。彼女は、娘に付き添って手術室に行くと言い張った。

私がアマンダの麻酔に使用する予定のセボフルランは、意外にも、一八四六年に使われたエーテルとほとんど違いがない。今日の麻酔ガスは、当時と同じ化学的構造を有しており、四個のC（炭素）が一個のO（酸素）で結合されている。一〇個のH（水素）の代わりに、七個はアルファベットで左に二つずれたところにあるF（フッ素）で置き換えられる〔訳注：エーテルの構造式：C4H10O、セボフルランの構造式：C4H3F7O を指す〕。一六〇年という年月が経過し、エーテルからセボフルランに至るまでのあいだに数々の異なるガスが試されたが、なんらかの不都合な特質が見つかったものはすべて歴史的な文脈のなかにのみ残ることになった。セボフルランは非引火性で、エーテルより格段に刺激臭が薄く、そしてもっとも重要な点として、意識消失までの時間を劇的に短縮できるという特性がある。他にも現在市販されている揮発性麻酔薬として、デスフルランとイソフルランの二種類があるが、その特性により、セボフルランの人気が高い（どうやら揮発性麻酔薬の選別については大方決着がついているようだ。今日使われているガスは、すべて数十年前に発見され、久しく新発見はなされていないのだから）。

亜酸化窒素（笑気）ガスは、単体で使用するには効力が不十分なのだが、意識消失を加速させ、しかも嫌なにおいもないという利点がある。私は、五〇パーセントの笑気ガスを吸入させることで、アマンダの麻酔体験を開始するつもりだった。アマンダは、マスクを見せられ、チューインガム、サクランボ、イチゴ、オレンジから好きな香りを選ぶように言われる。彼女が吸い込むセボフルランのにおいがわからないように、マスクの内側に香りがすり込まれる。私がうまくアマンダを説得できて、強力なセボフルランを追加する前に三〇秒ほど笑気を吸い込ませることができれば、彼女が後で麻酔薬のにおいを思い出すことはまずないだろう。

麻酔下の状態は眠りとはまったく異なっているが、毎日私は患者や家族に「眠りにつく」過程について説明している。麻酔の導入時、私は患者にこんなふうに話しかける。「楽しい夢を選ぶといいよ。お気に入りの場所があればそこへ行こう」。しかし、麻酔の影響下では夢を見ない。

私はあまり信心深いほうではないので、医学の世界に入ってから、ある日突然聖書と麻酔のあいだの関係に気づくまでに数十年かかってしまった。創世記第二章二一に「そしてヤハウェはアダムを深い眠りにつかせてから肋骨を一本取って、そこから肉体を作った」と書いてある。アダムは、肋骨の切除のために麻酔を施されたのだろうか。

緊張させることなく子どもに麻酔をかけるコツは、大人に麻酔をかけるときに必要な技能とは大きく異なる。手術前室にいる大人は、進んで腕を差し出し、止血帯が固定されるまで協力的で、注射針が皮膚に刺さり、血管に押し込まれてもピクリとも動かない。そして、緊張をほぐす注射の後、手術室へ移され、残すはカウントダウンだけだ。ここで私はあえてこの課題をややこしくする。静脈麻酔薬を注入しながら、私は患者に一〇〇から数えはじめて、七つ飛ばしで数字を数えてください、と言う。九三と実際に口に出せる人はめったにいない。

一方、手術前室にいるのが子どもだと、うっかり注射の話が出ただけで収拾がつかなくなる。手術室に移動しながら、アマンダに話しかけた。アマンダの母親は後からついてきている。壁に描かれたハチ、チョウ、鳥を指さして、好きな色を聞いた。手術室に入っても、私はしゃべりつづけ、アマンダがマスクの香りに選んだチューインガムの話をした。アマンダが穏やかな気持ちで、ウェルズが失敗した笑気のガスを数回吸ってくれさえすれば、強力な麻酔ガスのにおいの記憶が彼女に刻まれるのを防ぐことができるはずだ。アマンダと私は空想の動物園に行って子豚のにおいをかごうと話した。

「君がクンクンしている子豚は何匹かな？」

「五匹だよ」と答えたアマンダは、すぐに、そして静かに麻酔に入った。

私は母親を振り返り、こう言った。「お嬢さんは眠りました」

# 第2章　麻酔科医のコマンドセンター

生来の私は、細かいことに神経質にこだわる、いわゆるコントロールフリークではなかった。だが、しだいにその傾向を強め、ゆっくり深くその境地へ入っていった。一〇代のころはごく普通の少年で、熱くなることも目的意識もなく、脱げば脱ぎっぱなしという感じのルーズな性格だった。ところが今、麻酔の現場においては、コントロール（統制）を何より優先している。そして、よりよい麻酔管理の方法を常に模索している。

もう何十年も前になるが、私が麻酔科研修に入って一年ほどが過ぎたころのことだ。私の前の手術台に三〇代の女性が横たわっていた。全体としては健康な患者だが、首にできた腫瘍——甲状腺結節——が甲状腺ホルモンを過剰に生産して甲状腺中毒症を生じさせた。彼女には、気分のイライラ、頻脈、多汗などの症状があった。彼女の主治医は、手術の超絶技術から早業のエディーというニックネームをもつ外科医である。楽々と頸部から甲状腺を取り出す彼の手腕は、まるでマジシャンだ。ティーチングホスピタル〔通常は大学に関連する医療センター〕において、外科医は必ずしも時間に追われてはいない。研修医は、麻酔科であれ外科であれ、時間を食うのだ。常に大忙しの個人病院ではやっていけないマイペースの外科医たちはこうしたセンターで職を得る。したがって、早業のエディーはここでは特異な存在だ。機能不良の甲状腺は目を見張る速さで膿盆におさまっていた。

手術がまもなく終了するので、私は患者を麻酔から覚醒させるために、筋肉の麻痺をリバース〔訳注：拮抗薬により麻酔薬の作用を抑制すること〕する薬剤が入っている（と私が思っていた）注射器の中身を注入した。そのとき、握っている注射器に違うラベルが貼ってあることに気づいた。一瞬、私の鼓動は止まった。注射器は、私が使用するさまざまな種類の薬剤ごとに、わかりやすいように色分けしたテープが巻かれている。私が注入した注射器のオレンジ色は、今まさに押し入れた薬剤が私の意図した回復用の薬剤ではないことを示している。これは、麻酔の開始時に使った、筋肉を弛緩させ麻痺させる薬剤じゃないか。急いで点滴を止めようとしたが、薬剤はすでに患者の血流に送り出されていた。間違えて注入したこの薬剤は安全なものだが、患者の麻酔が切れて自力呼吸が可能になるまでに一時間ほどよけいにかかることになる。

私は今、注射器の取り違えという、きわめて初歩的なミスを犯してしまったのだ。なんてことだろう。

「エド先生」、私は言った。「私はたった今ミスをしました。先生に余分なお時間を取らせてしまうことになります」

外科医は、首の傷口を縫合する手を止めて顔を上げ、私を見た。

「覚醒させるつもりで、弛緩剤を入れてしまいました」

早業のエディーはすぐに状況を理解した。彼は眉をつり上げ、マスクをしていてもはっきりとわかるくらい渋い顔をした。それから術野のほうに再びかがみこんで、縫合を続けた。最悪だったのは、彼が一言も言葉を発しなかったことだ。

私のケアの現段階では、この失敗は命にかかわるものではなく、危険ですらない。ただ、私のせいで手順に不必要な時間が加わり、弛緩剤の効果が切れるまで一時間余分に患者を人工呼吸器につないでいなければならなくなった。患者が私のミスのために苦しむことはなかった。それでも、私にとって、これは忌まわしく手痛いミスだった。なんたる大失態。どんな執刀医が相手でも充分に恥ずかしい失敗だが、完璧な仕事をする最高の臨床医を失望させた事実は決して忘れることができない。早業のエディーの表情が消えない画像になって、私の記憶保管庫の一角に永遠に居座っている。私は、あの手術室、その日のあのとき、そしてあの外科医の顔をまざまざと思い出せる。がっかりした彼の表情が、二度とミスはするなという警告のようにたびたび脳裏をよぎる。

あのことがあってから、私は機器のセットアップについてじっくり検討するようになった。この失敗がコントロールフリークに変身するきっかけを与えてくれたのである。以前は、手術室をセットアップするように指示されると、試行錯誤しながら作業を進めた。カンニングペーパーはないし、セットアップの規則もとことん考え抜いた工程もなかった。しかし、ミスをして謙虚になった私は、工程、品質、クリティカルインシデント（危機的事例）理論について学び、今も継続して知識を磨いている。

私の経験では、クリティカルインシデント――麻酔の世界では「合併症」がこれに該当する――は、多数のミスが重なって起きる。たとえば、麻酔技師が手術室の在庫を整え、研修医がその技師の作業内容を確認せずに手術の準備をしたとする。手術室を訪れた人、たとえば医学生が、麻酔回路につまずいて転び、人工呼吸器の接続を抜いてしまう。研修医は、この状況を見て、患者の呼吸をすぐに回復させるには緊急蘇生用バッグを使うしかないと判断したが、なんと麻酔カートの一番下の引き出しに蘇生用バッグが入っていないではないか。もしも技師がきちんと必要なものをそろえていれば、もしも麻酔科の研修医がカートを確認していれば、もしも医学生がもっと注意深かったら、あるいは、研修医が麻酔回路が抜けないように保護していれば——もしもこうした間違いのどれか一つでも起こっていなければ、各要因が複雑に結合した、一種の「合併症」は起こらなかったであろう。

自動車王ヘンリー・フォードの功績と、医師としての私のキャリアを結びつけるのは少々強引と思われるかもしれない。フォードは発明家でも科学者でもないが、間違いなく偉大な革新者である。彼は車体の組み立てに使用する生産ラインの概念を考案し、今日ほぼすべての製造の現場で使われている基準を打ち立てた。実のところ生産ラインの発明者はランサム・オールズで、彼は一九〇一年に自動車の大量生産のための組み立てラインを使った工程の特許を取得している。一〇年後、フォードはこの概念を拡張し、大幅に生産量を増加させた。一般大衆にまで自動車を提供するという彼の目標には、能率性というおまけがついていた。

品質は、ミスの少なさで決まる。生産ラインの開発の次に考慮すべきは、生産ラインがどの程度うまく機能しているかを測定することだった。所定の時間内に組み立てられるユニット数はもちろん、成功の度合いを測るもう一つの基準は、各ユニットの秀逸さだ。W・エドワーズ・デミングは、第二次世界大戦後、最初の品質基準を提案し、彼が掲げた品質向上のための十四の原則が自動車製造に採用された。

彼は統計的方法論を用いてエラーを分析した。

自動車製造の基準やデミングの統計を使用して、医師による人体のケアの品質を分析することは、長いあいだ不可能だと考えられてきた。人間の体は、同時に機能する七オクティリオン〔訳注：一〇の二七乗〕の細胞から構成され、どの細胞も故障する可能性があるため、自動車よりもはるかに複雑なシステムとみなされた。細胞の機能を評価するのが困難であり、主観が混じるため症状の報告は不可解なものとなる。たとえば、腰痛がなくなった場合、ある医療センターでは成功と考え、別の医療センターでは失敗と考えるかもしれない。一九八〇年代半ば、連邦政府の資金によるランド報告書により、「感情面での完全な幸福」という変数を含む――試しにこの数字を入れてみてほしい――健康品質の数式が発表されたが、結論には「品質管理が目立って向上することは考えにくい」と書かれていた。

しかし、このころ、ジェフリー・B・クーパー――患者の安全の研究における先駆的エンジニア――は人為的ミスが麻酔事故につながること、また品質向上のために「クリティカルインシデント」理論を応用できることを立証した。多数の小さなミスが積み重なって結果的に一つの大きなエラーを生じるという認識に基づき、クリティカルインシデントの概念が麻酔学に組み込まれた。たとえば、英語を話せない患者がいたとする。手術に先立ち、患者のかかりつけ医である内科医が行った手術前評価を親族が通訳した。そこで取られたメモはカルテに入力されず、メモのまま残された。病院では、麻酔専門医の手術前評価が別の通訳者を使って行われる。両者の評価が異なっていて、患者が内科医に話した以前の麻酔時に起こった合併症について、病院の麻酔専門医にはうっかり話さなかったとする。そして、麻酔専門医が内科医のメモを見る機会がなければ、合併症が起こってしまう可能性がある。

ヘルスケアを改善するために効率基準を行使すれば、生命という聖域に危険なほど踏み込むことになる。人体の機能がこの世界でもっとも複雑であっても人間はしょせん生物マシンだという考え方は受け入れがたい。医学に生産ラインの原則を当てはめるのは無理があるだろう。それでも、製造と医療のいずれの手順においても、同じ工程に同じ方法を毎回使用することにより得られるメリットは大きい。

私がしでかした注射器の取り違えはきわめて直観的な方法で解決できる。つまり、麻酔プロセスにおいて私が使用する薬剤すべてについて、それぞれの定位置を決めるのだ。すべての手術ですべての患者に関して毎回毎回、同じ方法で注射器に薬剤を充塡してラベルを貼る。例外はない。私は注射器の配置について一連の工程を決め、覚醒用の薬剤は弛緩用の薬剤から遠く離れた場所に置くことにしている。

私が手術台の頭部側に立ったとき、即座に仕事が始まる。必要なときに薬剤や器具を探すようでは、準備基準を満たしていないということだ。私は、患者の疾患、全身状態、そして予定されている治療に特有のあらゆる潜在的な問題やリスクに対応しなければならない。だから、自分なりのマーフィーの法則、「備えあれば、必要なし」を信じて仕事を進める。ついでに、「迅速に行動する」ことも心がけている。基本的な必需品は必ず手の届くところになければならず、不要品の陰に隠れているようなことがあってはならない。想定内のものは少し離れた場所、もしかしたら必要かもというものはさらに遠いところにしまっておく。こうすることで麻酔の手技中、もたもたと考えたり動いたりする無駄が省かれる。

私のなかにあった強迫神経症的な部分が姿を現した。神父が礼拝に臨み、祭壇を整えるような勤勉さをもって、私は私の作業スペース、器機、薬剤を準備し、心を清め、私の患者の麻酔管理を行う活力をたくわえる。

私は手術前の祈りに異を唱える気はまったくない。静寂のなかで短い祈りを捧げる行為は患者を気づかう現れだと思う。実際、麻酔をかける場合も信念が大きな部分を占めている。ただ、私自身は祈らない（まれに例外はあるが）。言い換えれば、私は祈りに頼らない。あるいは、運にも。手術室で運に頼るのはどうかと思う。

代わりに私は、寸分の狂いなく目的を果たすために、頭をすっきりさせておこうとする。ジョン・ヒューズが脚本を書いた『大混乱』という映画にこんなセリフが出てくる。「勝利の女神様、私たちのためにお祈りください」。「うまくいきますように」と言う人もいる。願うのは待合室の家族にまかせよう。そして、私は自分の姿を頭に浮かべる。「てきぱきと指を動かせ」「患者の血管を見つけるんだ」「気道は確保できているか」「全体を見渡せ」「何も見落とすな」。私がどれだけすばやく穿刺《せんし》位置を特定できるか、あるいは患者の心拍数と血圧を理想的な数値にどこまで近づけられ、それを維持できるか、という問題に「運」の出番はない。私が目指すのは正確無比なスキルなのだ。

手術室へ入るときは、礼拝所に入るような気持ちになる。スペースはすべてわかりやすく整理され、見ただけで使用目的がわかる。手術台は祭壇のようにきちんと置かれている。天井からのびる太い支柱が多関節式アームを支え、先端にはドーム型のライトがついている。アームは多方向に動くので、手術台の必要な場所を照らすことができる。手術台は壁から少し離れた位置に、頭部が足よりも壁に近くなるように置かれることが多い。手術台の頭部側後方の壁、あるいは天井懸垂式のアームからは、麻酔に使用する非揮発性のガス（純酸素、空気、笑気）のパイプが出ている。壁やアームにはコンセントがいくつも備えられている。

私の麻酔コマンドセンターは、手術台の頭部側の奥に、直径にして一八〇センチほどの弧を描くような形で存在する。私はさしずめコックピットのパイロットだ。私が起きている時間の大半はこの円の内側で過ごす。私はどちらの方向にも三歩以上動くことなく、患者のケアのあらゆる側面をコントロールすることを目指している。患者のケア、安全、そして快適さのために必要なものは考えられるかぎりすべてこの弧のなかにある。

時計の文字盤を想像してほしい。私は文字盤の中心、ダイヤルのついた回転式アームがあるところに立っている。患者の頭部は私から見て十二時の位置。二時の外周部に沿って、プラスチックの半透明のらせん状チューブ（蛇管）が二本——それぞれの直径は一インチ——私の右手にある麻酔器から出ている。このチューブを伸ばすと一八〇センチ以上の長さになる。三時の位置にある麻酔器から出ている一本のチューブが酸素と麻酔ガスを混合した気体を患者へと送り、もう一本のチューブが患者の吐き出した呼気を取り除く。患者のモニター用のケーブルも麻酔器から手術台への通気回路に沿って伸びている。

麻酔器はCPU（中央処理装置）であり、私のコマンドセンターのベヒモス〔訳注：旧約聖書に登場する怪物〕だ。高さ約一五〇センチのその巨体は一メートル四方を占める。数十キロの金属が使われているので、頑丈な鉄の基盤には直径十五センチの工業用車輪がついている。麻酔器の備品、追加ケーブル、取扱説明書等が入った二つの引き出しは下部にあり、麻酔器の中央部——アクションセンターだ——には、呼吸のモードを切り替えるためにガスの流量を調節するダイヤル、スイッチ、ボタンが並ぶ。さらに、投与したガスの構成と患者の呼吸数および呼吸量を監視するスクリーンもある。

麻酔器上部の棚に乗っているのはモニターの部品や手術台につなげるケーブルだ。薄型スクリーンには、さまざまな数字や波線が十六ポイントから七二ポイントまでの多様なフォントサイズとカラー（赤、緑、黄色）で表示される。あらゆるものが積み込まれた麻酔器は威圧的な怪物のようだ。

麻酔器に向かって左側には、ガス供給チューブからアームが伸びている。この先端についている柔らかいプラスチック製のバッグは、ダイヤルで指定した量の新鮮なガスで膨らみ、これを絞ると、麻酔器の回路から手術台に続く蛇管を通じてガスが押し出される。このバッグを使えば患者に呼吸をさせることができる。

麻酔器の腰の高さのところから突き出している小さな作業スペースには目下の手術や治療で緊急に必要となりうるすべてのものがそろっている。左手には、患者の気道が開き遮るものがないこと、つまり患者がいびきをかいていないかを確かめるツール類が備わっている。ここにあるのは、特大のカンマのような形をしたプラスチック製の口咽頭エアウェイが各サイズ、気管内チューブ（ゆるやかにカーブした、透明の太いストローのようなプラスチック管で、端の手前部分がバルーンになっている）、それに私の喉頭鏡（口腔から声帯までの通路に照明をあてる器具）である。必要な薬剤——静脈麻酔薬、鎮痛のための麻薬、一時的に運動機能を消失させる弛緩薬、抗生物質——は、台の右手に配置されている。注射器は目的を示す特定の色のテープでラベルがつけられ、それぞれ麻酔器の方向に針の先端を向けて慎重に並べられている。

麻酔器の後方に沿って台の右端には緊急用の薬剤がある。めったに出番はないが、私はいつでも使えるように用意しておく。ブードゥー教だって目指すところは、悪い前兆を退けることだ。注射器の向きを見ただけで、自分が触れている薬剤がわかる。一方は迅速導入が可能な弛緩剤スキサメトニウムで、もう一方は、心拍数を上げるアトロピンが充塡されている。心拍数が落ちるのは、悪い前兆だ。徐脈が悪化すれば心拍がなくなり、心停止に至る。

私の後方、仮想的な文字盤の六時の位置には、整備工の工具箱と間違えそうなカートが置いてある（実際、工具入れなのかもしれないが、医療機器メーカーから手に入れたものなので、おそろしく高価だった）。備品カートの上部はちょっとしたカウンターになっていて、私はそこにそれほど緊急性のない備品を置き、注射器に薬剤を充塡するなどの作業スペースとして利用している。その下に高さの違う引き出しが六段あり、整備工のツールを保管する引き出しと同じく、患者のだれかが必要とするかもしれない注射器、皮下注射針、気道確保器具等々あらゆるものが入っている。一番下の引き出しには、喀痰を口腔から取り除くときに使う吸引カテーテル（麻酔の準備段階でもっとも忘れられがちな器具）と、バックアップのバックアップとして、ひとりでに膨らむアンビューバッグが入れてある。世界初の自動膨張型蘇生装置、アンビューバッグは、バッグを押しつぶすと、窒息しかけている患者に空気を送り込めるプラスチック製の袋（バッグ）だ。手をはなすと、バッグは元の形に戻り、空気で満たされる。これは、ガスや電源の供給が止まったとき、患者に呼吸させる最後の頼みの綱となる装置である。

アンビューバッグという名前は、一九五七年にデンマークの麻酔科医がつけたのだが、彼は名前の由来を明かしたことがない。このバッグが人気を博し普及すると、開発会社は自社名をAmbuと改名した。バッグの名前の由来としては（決め手になる証拠はないが）、「air mask bag unit（エアー・マスク・バッグ・ユニット）」や「artificial manual breathing unit（人工手動呼吸器）」の頭字語という説がある。しかし、この企業の本社があるデンマークでは、「エアー」を意味する語は「luft」である。しばらく前に、私はAmbu社の営業担当者と話す機会があった。ミーティングの後、私は彼らを脇へ連れ出して、「Ambu」が何の略なのかご存知ですか、と尋ねた。さて、その答えは？「Ambu」は、「ambulance（救急車）」の省略形だそうだ。

以前、一人の新人研修医のローテーション初日に、私は麻酔準備について自らの方法論を彼に披露した。「手術の前に必ず麻酔カートの引き出しをすべて確認するだけでいいんだ。それと、手順は絶対に飛ばさないこと」。この研修医は、翌日私の元指導医で現在は同僚である医師と仕事をする予定になっていた。私は同僚のなかで図抜けて優秀なこの元指導医を「達人」と呼んでいる。私はかつての師匠の指導スタイルも、彼に聞かれた質問も覚えていた。なんといっても、彼が私を鍛えてくれたのだ。私は新人研修医にこう話した。達人は、呼吸回路の接続が切れた場合のシミュレーションをするだろう。そして、「患者に吸気が送り込まれず、麻酔器が警告音を発したときはどうする？」と質問するはずだ。そして私は、この想定問題の対応を実際にやってみせることにした。「この質問をされたら、ただちに一番下の引き出しに手を伸ばし、アンビューバッグを取り出すんだ」。そして、その引き出しを開いた。

「おいおい！」――アンビューバッグがない。このときは、さすがにガックリした。

私は予備のバッグを見つけ、研修医には、いかなる状況であろうと決して同じ失敗をしてはならないと、くどいくらいに強調した。

私の仕事場である円弧の最後は、一〇時の位置、床から一八〇センチの高さにあるスタンドだ。ここに、輸液や手術中に投与した薬剤や点滴用のバッグやチューブをかけておく。

私の仕事スペースは小さな渓谷のようにも、巣のようにも見える。

コマンドセンターの準備は、呼吸回路の接続から始まる。次に、麻酔器へと右回りに移動し、最後はカートだ。一番上から一番下の引き出しにすばやく視線を走らせ、麻酔計画に必要なすべての備品――アンビューバッグも忘れずに――がそれぞれに入っていることを確認する。最後にもう一度全体を見たら、仕事にとりかかる。

準備一式のなかで忘れてはならない最後の装備がある。それは、すべての薬剤の母ともいうべきスーパーな蘇生薬、終わろうとする命を取り戻す最後の砦、エピネフリンだ。この薬品は、私の麻酔基地で特別な場所を占めるにふさわしい存在である。この場所を私は「ああどうしよう棚」と呼んでいる。棚は麻酔器の上、平面スクリーンモニターのすぐ右にある。手術室でだれかが「ああっ！　どうしよう」と言いたくなるような場面になったら、私は反射的に右手上方に手を伸ばし、そこに置かれている唯一の注射器をつかむ。そう、エピネフリンだ。私は患者にとって最後の救助者であり、危険に瀕している患者を救うために最善を尽くす。エピネフリンは私が有する最強の強心剤で、心臓に思い切り蹴りを入れてくれる。そして、弱まっている心拍数と下降する血圧を上げる。酸素とならんで、エピネフリンは麻酔科医の救命用具なのである。

麻酔科医の専門性をはかる基準は、ああどうしよう棚にアクセスした頻度かもしれない。手術の性質と侵襲の大きさ、患者の体調など、麻酔科医のスキルを超える数多くの変数がエピネフリンに頼る頻度に影響する。しかし、専門知識を測る真のバロメーターは、患者の気道を管理し、規則正しい呼吸が遮られることなく繰り返されるよう確保する麻酔科医の能力であろう。危機的状況においては、何よりもまず患者がしっかり息をできているかを確かめねばならない。基本は常に同じ、つまりＡＢＣ——Airway（気道）、Breathing（呼吸）、Circulation（循環）——である。

目指すものはシンプルだ。頼るべきはスキルであって運ではない、クリティカルインシデントを取り除け、ああどうしよう棚が必要な状況を作るな。

# 第3章　五つのA

医者としてのわが人生における最初の二時間は、数十年前の七月一日午前八時に始まった。場所は講義室。他の外科新人トレイニーたちがいっしょだった。私たちは助言——命令というべきか——に耳を傾けていた。それは、医者として求められる態度、妥当な時間内にカルテを完成すること、卒後医学教育事務局の利点（医療ミスを申し立てる書類は、医師や患者のいる階ではなく、事務局に届けられる）などだった。一〇時になり、私は初めての医療現場へと配属された。

偶然にも、外科インターンとしての最初のローテーションは麻酔科だった。私が手術室管理デスクのほうへ行くと、その日のスケジューリングを担当する麻酔科医に呼びとめられた。医学研修一年目の始まり——多くの医師にとって治療を行う一日目——において、新人の麻酔科研修医たちが患者の治療に関する講義に参加しているなか、私は講義を免除され、私の患者第一号に対応するように指示された。

「君の最初の患者は第六手術室の外で待っているよ」と麻酔科担当者が言う。

「自分が何をしているかわかっているんですか?」と彼に聞いてみたかった。

メディカルスクール時代、私は選択科目で麻酔科を取ったことがある。選択した動機は数百ドルのアルバイト代だったが、報酬は即座にステレオスピーカーとブルース・スプリングスティーンのレコード『明日なき暴走』に使った。

第六手術室の外の廊下には、股関節を骨折した八〇歳以上とおぼしき女性がカートの上で横たわっていた。この老女は、もちろん今日という日の重大性には気づいていない。私の初めての患者になろうとは、彼女には知るよしもないのだから。私にとって幸運なことに、すでにだれかが麻酔用の備品をそろえてくれていた。私は手術室の準備もまだやったことがなかった。コマンドセンターの概念も、ああどうしよう棚の重要性も理解していなかったのである。私は目元を軽くこすってから、「よし、やるか」と心を決めた。

なんの疑いももっていない女性を手術台に移し、モニターの位置を整えると、大きな注射器の中身の一部を投与した。かなり小柄な患者なので、安全のために薬の量を減らさなければならなかった。それから小さな注射器の薬剤の一部も投与し、気化器のダイヤルを右に回した。いまや、この女性の呼吸は私の双肩にかかっている。患者の顔に麻酔マスクをつけ、バッグを強く絞り、女性の胸が上下するのを確認した。ガスが遮られることなく肺から出たり入ったりしている。ここまできて、私もやっと緊張が解け、大きく息をした。

「続けたまえ」と、私を監督する麻酔科医が言った。患者に挿管しろと言っているのだ。実は、医学生としてローテーションに入っていたときに、補助——それも、大いなる補助——なしに患者に挿管したことは一度もなかった。喉頭鏡を手に取った。喉頭鏡は懐中電灯に似た器機で、ハンドルの内側にバッテリーパックを備え、金属のブレードの先端にはライトがついている。右手の親指と人指し指で患者の口を拡げ、ブレードを口の中に滑り込ませ、舌の奥へ進め、扁桃腺を越えたらハンドルを持ち上げる。この位置から初めて目にした喉頭の両側にある真珠のような白色の帯は声帯だ。ここにプラスチック製の気管内チューブを差し入れ気管まで進める。麻酔器に付属しているバッグを絞ってたっぷりの酸素と麻酔ガスで換気し患者の胸が押し上げられるのを見て、私は安堵のため息をついた。聴診器で肺を出入りする空気の音を聴いた。これで、患者の呼吸管理は完了だ。

大型の注射器、小型の注射器、そしてダイヤルを右に二目盛り。これが麻酔科医の仕事のコンセプトであり、全身麻酔に適用できる汎用レシピだ（後で投与する、鎮痛剤の注射器は含まれていないが）。全身麻酔の手順は、大きな注射器の中身を点滴に入れる（意識の消失をもたらす即効性の高い麻酔薬を二〇ミリリットル、またはテーブルスプーンで一杯と三分の二）。次に、小さな注射器の中身を投与する（筋肉を弛緩させる薬剤を五ミリリットル）。最後に、患者の麻酔維持のために、気化器のダイヤルを二目盛り右に回して、吸入ガスにガス麻酔薬を追加する。少々自尊心は傷つくが、ことほど左様に麻酔の手順はシンプルなのだ。ただし、レシピの単純さの裏には、麻酔前の患者準備および手術後の疼痛緩和を含め、実際の麻酔手順の枠を越えた目的、薬剤、テクニックが複雑に絡み合っている。

「感覚がない」ことを意味する「anesthesia（麻酔）」という言葉は、麻酔管理のすべての目標を十分に言い表してはいない。エーテルの発見以降、包括的な麻酔管理を実現する麻酔ガスに、さまざまな補助的薬物が追加されてきた。こうした副次的な薬物の効果について、私は「麻酔に関する五つのA」と呼んでいる。

・抗不安（Anxiolysis）　来たるべき手術のために生じるストレスを緩和する。
・記憶の消失（Amnesia）　麻酔管理のあいだ、記憶の形成を妨げる。
・無痛（Analgesia）　手術中の痛みを鎮める。また、術後の鎮痛、急性疼痛（外傷の痛み）の緩和、慢性的な痛みの軽減など、手術室外の痛みも考慮される。
・不動（Akinesia）　手術中、患者が動かないようにする。
・無反射（Areflexia）　麻酔下でのアドレナリンの上昇、血圧と心拍数の変動を抑える。

どんな患者も手術前はたいてい不安になるものだ。二〇世紀に入ると、新たに開発されたバルビツレートが手術を受ける前の患者の不安を和らげた。一九六三年、バリウム（ジアゼパム）の採用で、抗不安剤の研究が一気に盛んになり、広く使用されるようになった。一年間に一億五〇〇〇万錠を超すバリウム系抗不安剤（ベンゾジアゼピン）が処方された。

バリウム、およびその短期作用型の姉妹品であるバースト（ミダゾラム）は、患者が手術室の両開きのドアに近づくにつれて高まる不安感を効果的に軽減する。静脈注射ですぐに効果があり、投与された者が眠そうで酔ったような表情になる。成人にとって、これらの「アゼパム」（正式にはベンゾジアゼピンだが、この名称で知られる）は、五つのAの第一課題「抗不安」に関して大変革をもたらした。

残念ながら、小児に適した薬剤はまだ見つかっていない。麻酔導入の前、子どもに点滴注射をすることはほとんどない（そもそも子どもは点滴を我慢することもできないだろう）。この制約のために、より低侵襲でより適切な投与ルートが必要とされている。仮に点滴を行った場合、子どもは確実に二分間泣きつづけるが、ガスを使った麻酔導入では、二七秒以上かかることはない――私が最近とったデータでは二七秒もかからなかった。これまでのところ、子どもの不安を効果的に抑える承認された薬品はなく、代替案として心理療法（絶えず他の刺激に注意を向けるノンストップ・ディストラクションとしても知られる）があるのみである。（iＰａｄにはおおいに助けられている。まだ話もできない二歳の幼児が、iＰａｄの画面を巧みにスワイプして画面上のスイカを薄切りにする姿には驚かされる。）ミダゾラムのシロップ剤がある程度成功しているが、場合によっては、麻酔の覚醒時に不安感が強まることがある。

今日、選択肢として三〇種以上のアゼパムがあり、睡眠薬――ときには夢中歩行を誘発する――のアンビエンおよびロヒプノール（ストリートネームを「ルーフィー」といい、デートレイプドラッグとも呼ばれる）もここに含まれる。

五つのＡの二番目「記憶の消失」だが、ストレスを軽減する薬品は多量に服用すると記憶が失われることがあることから、抗不安の延長線上にあるといえる。麻酔下では時間が失われる。記憶は存在しない。麻酔が導入されてから、意識が戻る覚醒時まで、患者に時間の欠落が生じる。この時間に記憶が脳に刻まれているとすれば、麻酔の体験が記憶の形成を妨げるのか、あるいは記憶の取り出しを妨げるのかで意見が分かれている。その記憶は、意識が戻っても思い出せないのだ。ベンゾジアゼピンにもこのような時間の穴を作る作用がある。私が使う薬品は新しい記憶の形成を拒否するが、過去の記憶は手つかずで残す。

記憶の消失は容易に実現でき、容易に失敗する。外科的刺激を可能にする麻酔ガスの濃度で、記憶の消失が達成される。麻酔の導入はあっという間だが、麻酔の効果は時間をかけて徐々に消えていき、記憶も一度には戻ってこないことがある。周囲の活動（とくに記憶が完全に戻る前に回復室で聞く声）は手術室で手術中に起こっていたと解釈される場合がある。記憶の形成を妨げるために必要な麻酔ガスの濃度は、外科手術に必要な濃度よりもずっと低い。全部入りの強力な麻酔ガスを、外科手術に必要な濃度の少なくとも半分の濃度で吸入させることにより、確実かつ容易に記憶の消失を生じさせることができる。ただ、患者のなかには麻酔ガスを使用できない人もいるため、ときには追加的な薬剤投与が必要となる。こうした場合、麻酔専門医は記憶の消失を目的として薬剤を投与し、手術が記憶消失の薬剤の作用より長くかかるならば、追加投与で対応しなければならない。

麻酔下の出来事を思い出すことが絶対にないとはいえない。患者の筋肉の動きを弱めるために使われる薬のリバースに予定外の時間がかかり、患者が軽い麻酔状態を過ぎ覚醒に近づいたが、体が弛緩していて反応できないときにこれが起こる。患者には何もかも聞こえている。

かつて麻酔は平穏な状態のみを提供するものであった。手術中に交わされたすべての言葉を患者が後で復唱してみせるのはめずらしいことではなかった。彼らは不安もなくリラックスして、苦情も言わなかった。ただしこれは、私がこの仕事を始める前の話だ。今の時代、記憶の消失は麻酔の基本的な要素とされ、麻酔下にいる患者は周囲の会話も動きも覚えていないことがあたりまえなのである。

しかし、私は麻酔下でいくつかの出来事を記憶していた二人の患者を知っている。私は、二人が「追想」を経験したのだと確信している。一方の手術では、鉗子がずれて太い動脈が傷つき大量出血が起こった。心臓機能の低下――気化した麻酔薬は心臓のポンプ機能を下げる――と血圧の減少を防ぐ目的で麻酔深度が浅くされていた。蘇生が成功した後、患者はそのときのことを思い出した。これは閉じ込め症候群の一種である。閉じ込め症候群は、外界の動きを完全に把握できているのに、意思を伝えることができない状態である。

もう一方の追想事例には魅了された。四歳の女児が私のケアを受ける一年近く前に脳腫瘍の開頭術を受けた。腫瘍とその切除手術の結果、二つのことが起こった。一つは、脳脊髄液（CSF）が詰まり、命に関わる状態を回避するために分流手術が必要になったこと（CSFは、頭部をぶつけたときに頭蓋骨の内部表面に脳が衝突する衝撃を和らげる液体。CSFは絶えず脳で作られているため、この液が貯留して脳圧を高め脳損傷が起きないように、頭蓋骨の外へ流す必要がある）。二つ目は、先の手術で彼女の脳の満腹中枢が破壊されたこと。少女は、どれだけ大量に食べても満腹感を得られなくなってしまった。おそらく娘の身に起こったすべてのことに親として罪悪感があり、両親は、少女がガツガツ食べるのを止められなかったのだろう。彼女は真夜中にハンバーガーを四個、あるいはシリアルを一箱全部食べるような生活をしていた。彼女の体型を表現するとすれば、クリスマスに食べる七面鳥の丸焼きのようだと言うほかない。腿が太いせいで足を大きく開いて歩かなければならず、丸々とした腕のせいで前腕部は胴体につかない。

この少女はとても賢く、早熟でもあった。二度目の手術で彼女は麻酔下にいた。手術台のところで話をしているとき、外科医が、この女の子は前回の腫瘍切除手術中に追想を体験したんだ、と私に話してくれた。外科医に、どうしてわかったんだい？　と聞いてみた。彼によると、腫瘍を切除する開頭術から数日後、朝の回診で少女が順調に回復しており、どこも悪いところはなく、元気におしゃべりしていることを確認した。病室を出ようとしたとき、女の子が彼にこう尋ねた。「ねえ先生、「ブリーダーを使え」って何？」

「え？」

「だから、「ブリーダーを使え」ってどういう意味？」

これは彼女の手術中、その外科医が助手の研修医に、切開した血管を凝固するために電気メスを使うように指示したときに使った言葉だ。彼は頻繁にそのセリフを口にする――「ちくしょう、死ぬなよ！」も彼の口癖だ。四歳児が医者だけにわかるこの言い回しを知っているはずがない。

私は、私の麻酔管理のもとで、この少女が追想を経験することがないよう、いつも以上に慎重に麻酔を施した。

手術のむずかしい場面では、患者が完全に不動であることが絶対条件である。不調が生じた心臓の電気経路を焼灼しようとしている心臓専門医、腹部の狭窄した血管を拡張しようとしている放射線医、あるいは今にも破裂しそうな脳動脈瘤をクリッピングしようとしている神経外科医にとって、たった一ミリの患者の動きが、その命を危険にさらす。

手術のきわめて重要な瞬間に患者が完全に動かない状態を維持することは古代からの目標だった。「不動」を実現する最終的な方法は、今から何世紀も前、ヨーロッパの探検家が南米の先住民が狩りをするところを見たときに確立されたものだ。先端にクラーレ毒を塗った吹き矢と矢を使って、先住民は獲物を射止めた。この方法は「フライング・デス」と呼ばれた。毒の精製の過程で、可逆性のある麻痺薬クラーレが発見され、一九四〇年代に「不動」（筋肉弛緩）のための麻酔に初めて使用された。患者が薬理学的に無力化され、身体のどの筋肉も自発的に動かすことができない状態では、麻酔ガスの深度を下げて、心臓の負担を減らし、覚醒までの時間を短縮できる。脳外科手術など、手術によっては患者が動かないことが絶対条件だが、外科医が「患者をもう少しじっとさせておいてくれ」と要求するような場面でも役に立つ。

「無痛」――痛みからの解放――の探求は、何千年も前に始まった。現代の包括的で強力な麻酔ガスは、手術のあいだ、痛みの存在を完全に消し去る。手術が終わったら、オール・イン・ワンの麻酔ガスをオフにして、患者を覚醒させなければならない。術後も鎮痛効果を維持するためには、別の手段が必要になる。樹皮や葉を噛んだり豆類のさやの汁を飲んだりといった原始的な方法が、薬品会社や大学の実験室での原料の精製・発見を通じて、洗練された鎮痛薬へと発展を遂げた。柳の樹皮はアスピリンに、コカの葉はコカインに、ケシに含まれるアヘンはモルヒネに進化した。

アンデス山脈の古代インカ人は、コカの葉に高揚感や無感覚を含むさまざまな効能があることに気づいた。穿孔術《せんこう》――確認されている最古の外科治療の一つで、頭部に穴をあけること――が、けいれん、頭痛、精神疾患の治療に使われた。インカのシャーマンはコカの葉を噛んで、頭の傷に吐き出した。葉に含まれるコカインには、その部分を無感覚にするだけでなく、血管を収縮させて出血を抑える効果もあった。

ウィリアム・ハルステッドは、一八八〇年代のジョンズ・ホプキンス病院の医師で、後世にもっとも大きな影響を与えた外科医といわれている。彼は消毒法の概念を外科手術に取り入れ、これによって侵襲的な治療の範囲を大きく拡大した。彼の几帳面きわまりない手法は、麻酔を必要とし、その一方で安全な手術環境を提供した。麻酔が普及する以前、小説家のフランシス・バーニーは、麻酔なしで受けた乳房切除手術の拷問のような体験を長々と手紙に綴っている。麻酔がなければ、ハルステッドの手術を受ける者はほとんどいなかっただろう。

インカのシャーマンの時代から数世紀が過ぎ、即効性のある治療として手術が選ばれるようになった。精製されたコカインが、脊髄と脳への電気信号の伝導を遮断することがわかった。ハルステッドは上顎を支配する神経に皮下注射針を刺し、コカインを注入してしびれを生じさせ、痛みのない口腔手術を可能にした。その後ハルステッドは、高名な精神科医ジークムント・フロイトと同じように、コカインに個人的な楽しみを見出し、気晴らしのためにそれを使用するようになった。十九世紀の終わりにかけて、コカインは局所的に目に使用された。やがてコカインを直接脊髄に投与して、精神的な変化を起こさず、下半身の知覚のみを長時間消失させるようになった――脊椎骨のあいだおよび下に穿刺する深さにより、脊椎麻酔または硬膜外麻酔となる。局所麻酔の誕生である。

痛みは、損傷の起点で受容器が活性化され、そこで発生した電気信号が神経を通じて脳に情報を送る。絶縁体である脂肪質のミエリン鞘は、針金のプラスチック被膜と同様に作用し、電気信号が隣接する細胞組織に移動する際の信号の消失を防いでいる。ミエリン鞘にある間隙(「ランヴィエ絞輪《こうりん》」と呼ばれる)により、神経に沿って絞輪から絞輪へ痛みの信号が跳躍し、痛みの信号の伝達速度を速める。この高速の伝導は「跳躍伝導」として知られている。コカインは、この絞輪に入り、信号の跳躍を遮断し、それにより痛みの信号をその地点から先に伝わらなくする。

一九二〇年代には、アルコールを禁じる禁酒法だけでなく、正式に麻薬を禁止する規制が施行された。ミセス・ウィンズローのシロップ――乳児をなだめるといううたい文句で販売されていたモルヒネを含有する飲み物――を気軽に買うことはもうできない。麻薬の販売には処方箋が必要となり、やがて麻薬のブラックマーケットが生まれた。法律が意図に反した結果を生んだ顕著な例である。麻薬は、私が今も鎮痛のために使う主力薬であり、とくに手術や外傷による鋭い痛みの治療の際に威力を発揮する。麻酔科医にとって、痛みを取ることは神聖な行為なのである。とはいえ、米国では薬物使用が原因で毎年四万八千人が死亡している。この数字が示すように、痛みの軽減と麻薬の乱用を分けるのはきわめて細い線なのだ。

コカインの医療用途が発見されてからの数十年で、化学者、薬理学者、医師がコカの葉を分析し、もっとも基本的な活性化合物を割り出した。この過程で得られた知識から、多くの局所麻酔薬が生まれた。一番よく知られている薬剤はおそらくリドカインだろう。これは、神経を麻痺させることに加え、不整脈を防ぐ。しかし、やがて新薬の研究は鈍化し、画期的な薬品が最後に見つかったのは二〇年も前である。新薬は生まれていないが、局所麻酔の使用は拡大し、高性能で容易な画像処理技術を利用して薬品をより多くの神経線維に正確に投与することが可能になっている。

「無反射」は、私がいまだに苦心しているコンセプトである。というのも、それが雲をつかむような話だからだ。そのコンセプトは、麻酔深度の調整、患者の血流制御、および心拍数と血圧を変える薬剤の追加などから成り、同時に手順と患者の体調も考慮することになっている。

麻酔下の患者の心拍数と血圧の管理は、さまざまな可変要素を評価したうえで行う必要があり、両者の関係が複雑なのだ。心臓の冠状動脈に狭窄が生じている場合、心拍数が低いのはよいサインだ。なぜなら心臓の負担が減れば、心筋への血流が増える。反対に、脳動脈瘤が破裂したときには、高心拍出量状態の維持——血圧を高い状態に保つこと——が脳の血流を上げて、命を救う可能性を高めると考えられている。若い患者に関しては、心拍数を速くすることを目指す。背骨の湾曲を矯正する手術では、血液が大量に失われる傾向があるため、心拍数とは別に、血圧を故意に低くすることで出血を抑えることができる。

エーテルで満たされた架空の球を五つのAに分けて考えると、術前に患者の不安を取り除き、術後の痛みまでなくすことも含め、麻酔科医の責任が広範囲に及ぶことが明らかになる。そして、五つのAの一つ一つを目標にすることで、複雑かつ繊細な治療の際に最適な状態とよりよい結果を期待できる。たとえば、脳動脈瘤のクリッピングでは、患者がピクリとも動かないように、不動へと誘導するといったことだ。私のキャリアを通じて最大の変化であり、私にとって最大のストレス要因は、手術を受け、麻酔管理を必要とする重症患者の数が年々増えていることである。しかも、麻酔手順はたいてい命にかかわるもので、患者の多くには死の危険がある。患者に最高の結果をもたらせるよう、無反射のコンセプトを理解し、正確に管理するためには、雲をしっかりつかむ必要があるのだ。

# 第4章　線路のような麻酔記録

麻酔科医としての私の夢には、鉄道の線路が見える。定間隔で敷かれた枕木でつながれた二本の線路は完全にまっすぐに、平行に、何ものにも遮られず、私の視界の左から右へ流れ、水平線へと達する。これが私の理想とする麻酔記録の風景だ。線路は、私の麻酔管理の進行中に記録される、変化のない、患者の血圧と脈拍を示すマークや点だ。枕木は時間で、通例のバイタルサインの記録では五分間隔になっている。最高のシナリオでは、これらのマークが上昇も下降もない平坦な線を描き、麻酔記録において水平のまま前進する。これこそ抜群に安定した究極の患者である。

一八四六年に最初の無痛手術が行われたときから今日まで、麻酔科医が執刀医にかける言葉は「患者の準備ができました」で始まり、「私の処置は終わりました」で締めくくられる。この二つの言葉に挟まれる時間中に私が目指すのは、変動しないバイタルサイン、あるいは退屈ともいえるような、変化のない状態なのだ。私の患者の幸福と生存は、術中・術後のバイタルサインの安定にかかっている。血圧のラインが急な山形を描けば、もろくなっていた血管が裂けたのかもしれず、心拍数の上昇は、心臓の不調が限界を超える危険を示す。私の目標は、バイタルサインを表す麻酔記録がグラフのなかで平坦でまっすぐ——私の夢の「線路」のように——のまま完了し、麻酔計画が予定どおり終わることにある。と書くのは簡単だが、実際の現場ではそうもいかない。

麻酔下の状態が記録されるようになった当初から今日まで、関連する全データを残すために使用されるシートは、ページの中央部を占める方眼のボックスに、バイタルサインのマークと点が記録されるものが多い。この罫線入りボックスの周囲に、患者の氏名、体重、手術名、手術の理由、アレルギーなどのデータとともに、薬剤など手術で使われる麻酔技法が記載される。

吸入したエーテルの影響下の患者に施した初めての手術から五〇年後、麻酔記録が生まれた。一九〇五年、科学と麻酔技術に関して共通の興味をもつ医師が初めて一堂に会し、ロングアイランド麻酔科医協会が発足した。この団体はニューヨーク州全体に拡大し、その後さらに全国規模でメンバーを増やし、一九三六年、その名称をアメリカ麻酔専門医協会に変更した。これ以前は、エーテル（または、場合によって、とくにヨーロッパでは、クロロホルム）を投与するのは医学生および外科医の役割だった。

ジョン・スノウは、一八五三年、ビクトリア女王の無痛分娩のためにクロロホルムで麻酔をかけた。一八九〇年代、二人の医学生——後に世界でもまだめずらしかった神経脳外科の偉大な医師になったハーベイ・クッシングと、医療行為の結果管理を研究する団体のリーダーとなったE・A・コッドマン——がある重要な点に気づいた。エーテルを患者に与えると、その後決まってバイタルサインに悪い兆候が現れる。つまり、通常の直線かつ並行の線路から外れていく。クッシングは、エーテルで患者に麻酔をかけたが、患者は胃の内容物を吐き、それが肺に入って、ほどなく意識を失い死んでしまった。「患者の口から突然液体が噴出した」と彼は書き残している。「彼はその大半を吸い込んでしまい、命を落とした」

まもなく、クッシングとコッドマンは当時測定が可能だったバイタルサインを記録する手順を開発した。初めての麻酔カードに最初の点やマークが書き込まれたときから、クッシングとコッドマンの目的は履歴を記録するというより、不十分な結果を予測し防止することにあった。

現在、記録シートはそのころより多少形式化されて整理されたが、多数のバイタルサイン（計測が可能になるたびに記録紙に新たな項目が作られる）を含む複数のセクションに分けられている点は変わらない。シート下部セクションには時間の経過に沿った患者のバイタルサインが記録される。麻酔を開始後十五分のあいだに測定された一分間に一〇〇回の心拍は、開始線から一〇個上、および三個右のボックスに点が記録される。しかし、バイタルサインを一種類ずつ記録する方法はトレンドからは外れる。最近では任意の一〇分ごとの領域に、それぞれ五種類の測定値――血圧、心拍数、呼吸数、酸素飽和度、呼気終末二酸化炭素――を含む三セットのバイタルサインが記録され、臨床判断と治療のために十分な情報を提供している。

クッシングとコッドマンが麻酔カードを導入した時点で測定できたバイタルサインは心拍数と呼吸数のみだった。どちらも数量を測る数値であり、心拍の質または呼吸のたびに交換される空気の量は測定されていなかった。平均的な身体の血管をつなげたら一〇万キロメートルにもなり、それが体内のあらゆる細胞に栄養を運び、細胞から排出物を搬出している。一日に平均十一万五〇〇〇回の心拍は、九二〇〇リットルもの血液を送り出す。一日あたりでは、平均的な人で二万三〇〇〇回呼吸をしている。しかし、この数字は全体像を語っていないし、健康を保証するものでもない。今日すべての麻酔科医が目指すのは、心臓がしっかり機能して、血液をすべての血管に行き渡らせ、肺で積み込まれる燃料（酸素）を血管の末端にある細胞の発電所（ミトコンドリア）に運んでエネルギーを供給し、適切に働くようにすることである。

一九〇一年、ウィレム・アイントホーフェンは消費者向けの電気製品を利用し、心臓が生成する電気を測定して、最初の心電図（ECG、または、ドイツ語の「Elektrokardiogramm」からEKGと呼ばれることもある）を作った。二〇年後、この革新的技術の貢献が認められ、彼はノーベル生理学・医学賞を受賞した。一九二〇年、麻酔学界は、心臓を通過する電流は速さと律動の情報を与えるだけでなく心不全の判別も可能にすることを確認した。ただ残念ながら、アイントホーフェンのECGは重さが三〇〇キロ近くあり、麻酔下にある患者に対して気軽に使用することはできなかった。

おそらく顕著な技術的進歩がなかったためか、心電図による心臓のモニタリングはなかなか普及しなかった。しかも、当時手術の現場では可燃性の麻酔ガスが使われていたという事情もあった。ようやく手術中のECGモニタリングが一般的になったのは、一九六〇年のことである。麻酔記録の標準化を求める声は一九二三年にはあがっていたが、ECGの使用を含む、モニタリングの標準化は一九八五年までアメリカ麻酔専門医協会に承認されなかった。最終的に、吸入ガスと呼出ガスの値のモニタリングが追加された。

線路のような麻酔記録は、概念としてはシンプルだが、実際には課題が多い。バイタルサインの現状を把握するためには、手術中に変動する身体のストレスを予測し、記録がローラーコースターのように急激な軌跡を描く前に麻酔深度を調節する必要がある。皮膚に切り込み、ボビー電気メスで血管を切開し（クッシングの同僚医師であったウィリアム・ボビーは、一九二六年血管を凝固させて失血を減らす電気製のメスを開発した）、骨を切断するストレスで、カテコラミンが急激に増加し、その結果心拍数が高まり、血圧が急上昇する。こうしたバイタルサインの変化に対応する、複雑な麻酔管理が必要となった。一方、刺激がほとんどなく時間が過ぎるとき、たとえばX線検査や病理報告を待っているあいだなど、あるいはDUA（麻酔下のディスカッション）と呼ばれる手術の中断時間中は、患者の麻酔深度を浅くしなければならない。

外科医には能率の権化のような者がいるが、DUAを生きがいにしている者もいる。手の手術は患者の両腕を大きく横に広げて行われ、手術する手は手術台に付属したテーブルに置かれる。外科医は手術中、ディナーの客のように椅子に座っている。私が知っているある手専門外科医――だらしないところがあるが、私はけっこう好きだった――は、手術の最中、手術器具を下に置き、患者の手が乗っている台に両肘をつき口元で両手を握り合わせると、満を持してDUAの口火を切った。そして、手術室にいる全員を楽しませようと、医師として経験した波瀾万丈の物語を披露するのだ。私は、彼の患者に麻酔をかけているあいだは、できるかぎりおとなしくしていることを学んだ。というのも、私が口を開き、DUAを始めるきっかけを作ると、手術室のスタッフが私をにらみつけることがわかっていたからだ。

「穏やか」「静か」「無風状態」。この手の言葉はわが友だ。これらは、「幕間」、すなわち麻酔の保守期間であり、麻酔の導入と覚醒のあいだにおける私の目標を表現する言葉である。手術が進行してもバイタルサインを上下させる原因となる患者のストレスはなく、麻酔深度は安定している。私の記録は線路のように見える。

麻酔専門医が「有能」から「偉大」に成長するチャンスを与えてくれるのはこの幕間である。麻酔の導入時および覚醒時、患者に対するすべての行為は麻酔科医の手による。幕間に入ると、患者に対する行為は麻酔科医から執刀医へとバトンタッチされる。外科用ドレープの後ろに座る麻酔科医は、手術の影響で患者のバイタルサインに変化があったときにのみ対応することができる。しかし、立ち上がっている麻酔科医は、執刀医の動きと力量を監視しながら、起こっているすべての出来事を観察し、先を見越す技を身につけることができる。それは、私が執刀医のスキルを注意深く見守る時間である。外科医の次の行動と患者に対するその効果を予測することを学べば、問題に発展する前に患者の望ましくない変化を防ぐ行動を起こせるわけだ。

これは、私が外科医の資質と能力を観察するときでもある。そして、かつていっしょに仕事をしたなかでおそらくは最高の外科医を認めたのもこの幕間だった。ケーシーが手術するのを見ていると、天才画家の筆さばきを見ているような気がする。ケーシーの手は、芸術家がキャンバスに絵筆を走らせるように、術野で自在に動く。彼は普通の器具をまったく新しい器具のように使いこなす。メスとハサミをもつケーシーの手が組織を切断するとき、彼はだれであろうとその場にいる者に人体の解剖的構造を詳しく説明した。彼は外科のマジシャンだった。彼は私に解剖学とテクニックを教えてくれた。

疾患によってはバイタルサインがローラーコースターのように激しく上下する。とくに私の印象に残っている、おそらくもっとも困難だった症例は、肝臓腫瘍を切除する男性に麻酔をかけたときのことだ。点滴を短時間に投与する特別な点滴スタンドがその患者を救うために役立った。肝臓には大きな血管が出入りしているのだが、腫瘍がこの状況を悪化させていた。私が見ていると、外科医が肝臓に手を触れるたびに、腹部から血があふれている。手術中の失血に対抗するよう、速やかに点滴を投与する機器が患者の血液を置き換え、このマラソン的な処置をとおして患者の血圧を維持した。

注入器は、八×十三センチほどのボックスで点滴スタンドの一五〇センチくらいの高さにボルトで留められている。本体ユニットには、スタンドから吊られた二つのチャンバーを加圧する、液状の液体ウォーマーとポンプが含まれる。チャンバーの下にある送風機が加圧されているプラスティックバッグを膨らましては絞って、温めた輸液を点滴チューブを通して患者へ送り出す。この速度は、出血に対処するほとんどの外科医の能力を超えている。

麻酔が登場する少し前、コレラによる激しい下痢便の排出で脱水状態となった患者——このために死に至ることが多かった——の血管に直接液体を入れて失った水分を補給する方法が実践されていた。静脈内投与のための無菌液は一九三〇年代に採用され、後に改良されたカテーテルやチューブが導入された。高速の注入器では、液体を温め、不慮の空気注入（気泡が心臓に入ると命にかかわる）を防ぎつつ、短時間で患者に輸液や血液を送り出すことができる。

私が立ち会った忘れられない腫瘍切除手術のあいだ、何度外科医の手が患者の肝臓に触れ、何単位の血液を私が輸血したのか、もはや数え切れなくなっていた。しかし、最大限の努力を払ったにもかかわらず、患者のバイタルサインは下降した。私は心臓機能を上げる薬剤を追加したが、それでも、患者の状態は悪化傾向にあった。この格闘を数時間続け、それでも患者の体温が下がっていった。私は外科医に顔を向け、こう言った。「器具を置いて、手術台から離れてください。そして、この部屋から出てもらえますか。こちらの体制が整ったら、呼びに行きますので」

適切に患者を蘇生し、血液を補充し、検査結果を補正する時間が必要だった。外科医は私にしたがってくれた。三〇分後、私は彼を手術室に呼び戻した。患者は安定し、すべての数値が正常になっていた(体温はまだ少し低かったが、こちらはゆっくりと回復中だ)。麻酔記録は線路に戻った。患者は無事に手術を切り抜けたが、その後何年も彼が腫瘍から生き延びられたかどうか私は知らない。手術は夜遅くに終わり、私の就寝時刻もだいぶ遅くなった。これは、技術によって救われた困難な幕間であった。この手術では、エネルギーを奪われたのは私だ。

ふだん幕間は平穏に過ぎるが、そのあいだはずっと気が休まらず、ときには胃がチクチクするようなこともある。それでも私は麻酔基地のなかで、常に患者に触れることができ、そのことがある種の安心感を私に与えてくれるのである。

# 第5章　マスクの恐怖

エイミーとの最初の出会いは、彼女の足の裏との遭遇だった。

エイミーは「サンドボックス」の四番に割り当てられていた。サンドボックスは手術室に隣接するスペースで、ナースステーションから見渡せる位置にある。小児科センターの前麻酔エリアである。広さはおよそ六メートル×六メートル、三台のカートを置くには十分だ。前方には壁がなく、後方は窓面で光がふんだんに差し込み、眺めもいい。同じ広さの三つのスペースそれぞれにカートが置いてあり、仕切りのカーテンの下には床から三〇センチほどの隙間が開いている。

プライバシーはない。カーテンの端がぴったり閉じていることはなく、会話は外に筒抜けだ。しかし、一種の連帯感がここにはある。プライバシーがないと文句をいう者は一人もいないし、たいていの人は楽しそうに過ごしている。何度も建物の改築が行われた結果生まれたのがこのエリアで、進化するテクノロジーと変化する医療へのニーズに対応する目的をもっている。

エイミーは一〇歳。彼女は、少々「緊張しい」だと聞いていた。私はこの情報を胸に、灰色の実験用作業衣の裾を翻してサンドボックスに急ぎながら、右手で紙製の手術帽を脱ぎ、脇ポケットに突っ込んだ。

エイミーに割り当てられたスペースに入るには、窓のところまで行き、カーテンの端を見つけなければならない。カーテンを開くと、空っぽのカートが見えた。私物が置いてあったが、エイミーも家族の姿もない。しかし、一秒も、あるいは二秒もしないうちに、私がスペース全体を見渡す間もなく、母親の声が聞こえた。

「エイミー！　エイミー、戻ってらっしゃい！　エイミーってば！」。そして一息つく一瞬の間の後、また声がした。「エイミー、恥ずかしいことをしないでちょうだい！　エイミー！」

首をかしげてみたが、やはりだれもいない。そこで、私は左のほうにかがんでみた。するとエイミーの母親がカートの反対側でうずくまっているのが目に入った。

「エイミー、こっちに戻ってきなさい！」と母親は言っている。

エイミーの足の裏が見える。つま先は床についている。歩兵の匍匐《ほふく》前進のポーズだ。手首を胸の下に入れて、両肘を交互に押し出し、有刺鉄線の下を這い進もうとしているかのように床に突っ伏したまま体をくねらせていた。私の視線はエイミーの背中へと移動し、肩まで上ったところで突然途切れた。頭と首はカーテンの向こうに消えていたからだ。彼女は隣の患者スペースに忍び込もうとしていた。母親はエイミーの足首をがっちり両手でつかんで、逃走を防いでいた。うーっ、という母親の低い声とともに、強く引っ張られたエイミーが自分のスペースに戻ってきた。母親はエイミーを抱き上げて、カートにドサッとおろした。

母親に向けたエイミーの訴えるような表情は疑いようがない。彼女はこの状況を脱するためであれば、何でもしただろう。

「こんにちは。ぼくは、ドクター・ジェイ。麻酔の医者なんだ」

「まあっ」という一言が、エイミーの母親の唯一の反応だった。


麻酔学は、通常、治療としては分類されない専門分野である。私は、治療ができるように支援する。「害を与えてはならない」というヒポクラテスの誓いを私は重く受け止めている。麻酔導入の前に不安をやわらげること以上に重要な唯一の使命は、子どもに安全なケアを提供することである。もしも完璧な麻酔前の鎮静剤が存在するならば、子ども全員、そして場合により親たち（たいてい彼らもこれを必要とする）は、それを飲むだろう。しかし、そんな薬はない。しかも子どもたちが錠剤を飲み込めないこともよくある。甘みがあって薬を飲みやすくするエリキシル剤が使われることもあるが、こちらは麻酔開始時に吐き出されることや嘔吐を生じることが多い。子どもによっては、唯一の代替手段が鎮静剤の注射だが、その場合子どもが二分間泣きつづけた後、吸入マスクとガスで麻酔導入を行うことになる。私が好んで使うのは、少しの前投薬と、子どもが意識を失うまでノンストップでおしゃべりを続けるという方法だ。

私の患者たちは必ずしも協力的ではなく、私をある種の強権者と見る人もいる。私は、患者が意識を失う前に話をする最後の医師である。麻酔導入のためにマスクをつけること――ときには子どもの意思に反して——が、ときにはトラブルを生む。大人や年長の子どもは、初めての麻酔導入時、反射的にマスクを押しのける。閉所恐怖症および窒息感——ガスはたっぷり流れているのだが——を訴える人も多い。麻酔用マスクが恐怖を引き起こすことがある。これが高じると、理由もなく恐れを感じるマスク恐怖症になる。

言うまでもなく、恐怖症は生涯続くことがある。それに、麻酔導入のために私が使用するフェイスマスクが恐怖症を生むと仮定するのも理にかなっている。そのマスクが侵襲的な手術の前の最後の記憶なのだから。しかし、私自身は、麻酔の経験が子どもの行動に取り返しのつかない悪影響を与えたという苦情は一度も聞いたことはない。そして、私の知るかぎり、精神科医が子どもの患者に対する麻酔の影響について質問してきたこともない。

私は、患者の不安について関心を抱き、麻酔用マスク恐怖症の子どもの研究を始めた。手術前に麻酔用フェイスマスクが怖いと言う子どもはめったにいない。そして、私が出会った恐怖症の子どものだれ一人として、恐怖感が生まれた瞬間がいつか、あるいは何の手術だったかを説明できた子はいなかった。麻酔の前に注射するなどと言えば、子どもはたいてい震え上がる。皮下注射針の恐怖は非常にリアルで、多くの人が共有する感情である。選択肢を与えられれば、子どもは注射ではなく「マスクをつけて眠る」ほうを選ぶ。麻酔科医仲間（親ではない）から聞いた話では、麻酔を要する手術の後で一定の子どもたちの行動に変化が見られるという。ロリーポップ味の鎮静剤を与えられた子が、ロリーポップを受けつけなくなった、チェリーの香りのマスクをつけた子が、チェリー味のポプシクル〔訳注：アイスキャンディー〕を一切食べなくなった、夜寝るときに明かりを消さないでと言い張るようになった、など。最後の例については、その男の子が麻酔の導入時に「暗くなるよ」と言われたのかどうか、ずっと気になっている。

手術室へと向かう一歩一歩が患者の不安を増大させるので、私はその第一歩目から麻酔による昏睡状態に入るまでの時間を短縮すること、あるいはカモフラージュすることに専心した。もっとも高い成果を期待できる作戦は患者の気を散らすことだ。注意をそらす技を維持するために、私は若さを保ち、少なくとも流行や最新の情報をキャッチしつづける必要があった。ミュージシャン、本、テレビ番組、その司会者、最新ニュース、さらには最新ゴシップまで、私はすべてを知っていなければならない。

アダムに会ったのは、彼が十二歳のとき、気難しさ全開の年ごろだ。ティーンエイジャーと心を通わせるのは決して簡単ではない。ましてや睾丸やペニスに必要な医療措置を施されるとき、だれにとっても状況は耐えがたいものとなる。この年代の子と最初に顔を合わせてから麻酔で意識を盗み取るまでの時間は、短ければ短いほどいい。

十二歳といえば、秒単位で人生が変わる。変化する身体が成熟しつつある心や荒れ狂うホルモンと衝突して、その結果少年は混乱する。手術が近づいてきたとき、友人やクラスメートのささやき声に耐えられるほど精神的成長は速くない。それに、この年ごろの子どもたちのあいだではおそろしげな噂があっという間に広がる。「ほくろを取った男の子の話、聞いた？　優等生だったのに、今は全然ダメみたい」といったばかばかしい噂が子どもたちのあいだで伝わっていき、ますます不安を煽る。

アダムの場合、この事態をさらに悪化させたのは（あるいは、少なくともさらに微妙にさせたのは）、手術が彼の身体のもっともプライベートな部分に施されるという事実だった。彼の左側の陰嚢《いんのう》は、右側のサイズの倍もあったのだ。男の子が母親の子宮のなかで成長する過程で、胎児の腹部で睾丸が形成され、その後陰嚢に降りていく。この通路は必ずしもぴったりと、または強固に閉じられるわけではなく、ときとして腹の裏側――腹膜――がこの通路を通じて滑落し、陰嚢に隆起を生じることがある。鼠径ヘルニアである。腸がからまったか、腹水が溜まったか――後者は水瘤《すいりゅう》として知られる――、原因はともかく、この経路を閉じるためには手術が必要である。

ときに、睾丸が陰嚢の最終目的地まで到達しない（停留精巣）ことがあり、経路を作り、あるべき場所にそれを送り出すために手術（精巣固定術）を要する。十二歳のアダムにとって、彼の男らしさにかかわるこの手術は決して愉快なものではない。控えめに言っても、ばつが悪い。

アダムは太り気味だったので、正確に痛み止めのブロック注射を打つことが少しむずかしい。彼はスポーツマンタイプには見えず、言葉遣いはコンピューターおたくのようだった。手術室へと移動を始め、アダムの母親から聞こえないところまでくると、私はすぐに彼の気を紛らわす策を練った。いつものようにガールフレンドについて質問したかったが、迷いもあった。彼はまだ女の子に興味がないかもしれない。とにかく質問してみよう。

「ところで、アダム。君のガールフレンドの名前はなんていうの？」。いつもよりダイレクトに聞いてみた。

「ガールフレンドなんていないよ」

「君は何年生だっけ？」

「六年」

「あー、だったらガールフレンドくらいいるだろ。彼女の名前は？」

「そんなのいないって」

どれだけの距離を移動してきたのかアダムが気づかないうちに、私たちは手術室のドアに近づいていた。

「アダム、君にはきっとガールフレンドがいると思うんだけどなあ。彼女の名前は？」

「ガールフレンドはいないよ。でも、もしいるなら、ぼくはその子のことを〝名なしのごんべえ〟と呼ぶよ」

「なるほど！　これは、まいった」。もう手術室に入っていたので、彼のカートを手術台の手前にとめた。

「アダム、第一に、ぼくは君にガールフレンドがいることがわかっている。そして第二に、手術室での話は、手術室に留まるということを知っていてもらう必要がある。私たち以外、だれにも知られることはない。素直に白状したらどうだい」

手術室看護師が会話に割り込んできた。「そうよ、アダム。先生がおっしゃるとおり。何を言っても手術室の外にはもれないわよ。それに、この先生はあきらめないと思うな」

「アダム、思い切って言っちゃえ。ずっと気分が楽になるよ。ぼくらに彼女の名前を教えてくれないか」

しばしの沈黙。そして、彼は言った。「サラ」

もしかすると、アダムは会話を終わらせるためだけに、女の子の名前をでっちあげたのかもしれない。

それでも、アダムは気を散らされ、すぐに、穏やかな眠りについたので、私の目的は果たせたわけだ。

手術は何事もなく進んだ。私は、麻酔が切れた後の痛み止めとして神経ブロックを投与し、アダムは左右が同じサイズのバランスがとれた陰嚢とともに手術室を出ていった。

一時間後、外来患者センターへ向かう途中、アダムのところに寄って神経ブロックの効き目をチェックすることにした。彼はカートに腰かけてテレビを見ていた。ブロックが効いているようだ。病室に入ると、母親が彼の足もとに座っていた。アダムは私に気づき、目を見開いた。心配そうな表情になっている。

「覚えてるよね」、彼の声が割れている。

「覚えてるって、なんのこと?」

「覚えてるでしょ」と彼はまた言った。さっきより大きな声で、きつめの言い方だった。

「覚えてるって、なにを?」。私のほうもきっぱりした話し方をして、彼に軽くウインクしてみせた。

「覚えて……ああっ、と」

「二人でなんの話をしているの?」。母親が聞いた。

手術室での話は、手術室に留まる。心の中でそう言いながら病室を出ようとしたとき、アダムが私の背に向けてしたウインクがちらっと見えた。

アダムが手術室までの道のりを思い返すことがあったとしても、麻酔導入までの旅の距離と時間はわからないだろう。気持ちをそらされていたため、彼は周囲が目に入らず、不安も感じなかった。手術前にアダムに薬剤投与の必要はなかった。とくに、リバースを遅らせるおそれのある薬剤は。

緊張しいのエイミーは、足の骨に不具合がある腓骨半肢症《ひこつはんししょう》（欠損症）だった。下腿には脛骨および腓骨という二本の骨があり、腓骨は外側の幅の狭い骨である。腓骨は、きゃしゃで重さに耐えられそうもない見た目だが、くるぶしを側面で支えて安定させ、歩行時に足を平らに着地させる。半肢症は、先天的に四肢遠位部の一方の骨に欠損が起こる疾患で、エイミーの場合、腓骨に欠損が見られた。腓骨がないと、くるぶしの外側を横から支えられずに足先が曲がり、足の裏が外に向き、内側のくるぶしが床に触れてしまう。エイミーの症状は、今では縦軸性下肢形成として知られている。簡単に言うと、いまだ解明されていない理由により、彼女の腓骨が完全に発達しなかったということだ。エイミーは、湾曲した脛骨と不安定な足をもつことになった。そういえば、エイミーの近くにつえは見当たらなかったが、エイミーはどうやって移動しているのだろう。

人生の理不尽は、さまざまな形で、また異なるレベルで襲ってくる。多少の差はあるがおよそ二万個の遺伝子の一つに欠陥があるだけで、広範囲におよぶ異常が生じる。加えて、遺伝的に受け継いだものではないあらゆる種類の先天性欠損症が存在する。エイミーの欠損症はかなりやっかいなものだし足は変形しているが、最悪というほどではない。エイミーの生活は人と同じというわけにはいかないが、命が短縮されるわけではない。彼女はバレリーナにはなれないだろうが、作曲はできるかもしれない。ランナーにはなれなくても、スポーツ医にはなれる。彼女の命にも知性にも危険は及ばない。エイミーの場合、下肢を切断するのではなく温存する治療計画なので、複数回の手術を受けることになっている。

私と会う前に、エイミーはすでに何回か手術を経験しており、自分の置かれた状況を十分わかっていた。これまで嫌な思いをしたかどうか、私はあえて聞き出さなかった。エイミーはこれからまた手術を受けること、それが痛みや不快感をもたらし、今度もまた長いあいだ不自由を強いられることを承知していた。彼女は勇敢で、洞察力に富み、そして正しい。手術はこれからも行われる。

「あー信じられない。またやらなきゃなんて、うそでしょ」。これは、私が質問するたびに返ってくるエイミーの反応だった。私が質問をしていないときですら、キーキーと高い声でこのフレーズを口にする。これは彼女の哀歌なのだ。

それでも、エイミーは驚くほど協力的だった。これほど素直に対応してくれるのかという態度で私を驚かせた。実際、彼女は「少々緊張しい」ではあるが、私の質問にすべて答え、不満も言わずに検査をさせてくれた。

「すみません。お恥ずかしいかぎりです」と母親は嘆いた。

私はエイミーの向こう、カートの反対側にいる母親のほうに視線を向け、眉毛を高くつりあげ、それから口を閉じたまま満面の笑みを浮かべた。「大丈夫です、うまくいきますよ」と私は言った。私はエイミーがこれまで経験してきたことについては責任をもてないが、母親はエイミーの疾患と行動に責任を感じすぎているように見えた。

その後、エイミー、母親、私の三人で、手術前に処方できる鎮痛剤の選択肢について話し合った。私は、薬剤の効用を期待できる最高の方法は筋肉注射だと説明した。

「注射って！」

エイミーはすぐに、注射されるくらいなら手術室に入るほうがマシだと主張した。

「ありえない。絶対注射はいや」。仮に私が注射器の針を手に彼女に近づいていったら、エイミーは一目散に走り、その背中がどんどん小さくなっていくというマンガのような事態になるに違いない。

「わかりました。注射はやめましょう。もう一つの選択肢は、薬を飲むことです。薬は安全に気をつけて配合しますが、エイミーは麻酔のかかりはじめのことを術後も覚えているかもしれません。すべての情報をお知らせするために申し上げますが、薬の副作用が多少あります」

「どんな副作用ですか?」。エイミーの母親が質問した。

「まず、麻酔から意識を取り戻したときに、不安感が強いことがあります」

「娘が、今以上に不安になるかもしれないってことですか?」。母親の口ぶりは「信じられない!」と言っているようだった。

「第二に、術後に吐き気を感じ嘔吐する傾向があります」

「私がゲロを吐くかもしれないってこと?」とエイミーは言った。

母親は、すばやく、エイミーがこれまで吐いたことがないことを指摘したが、二人は相談のうえで麻酔前に薬を飲む選択肢を却下した。

母親に、何も問題はないはずだと説得することはできるだろうが、これに関してエイミーが納得するのは無理そうだ。

「あー信じられない。またやらなきゃなんて、うそでしょ。あー、信じられない……」

「わかりました。では、行きましょう」と私は言った。

エイミーは、リラックスできるように、そして天井以外のものも見えるようにと、背中を起こしてカートに座っていたが、左のほうに身体を向け、母親の腕をつかんだ。「ママ、お願い。ねえ、ママ！」

「エイミー、早く始めれば、それだけ早く終わらせることができるのよ。ね、大丈夫だから」

母親は断固とした態度で腕を引き離し、私はカートを押してサンドボックスを出ると、手術室に向かった。エイミーは、やむなく自らの宿命に身をまかせることにしたようだ。手術を遅らせようとしたり、カートから飛び降りて逃げ出そうとしたりする、新たな試みはなされなかった。彼女はカートに深く腰かけ、胸の前で腕を組み、ふくれっ面をしていた。

だが、カートが手術室への廊下を三メートルほど進むたびに、前屈みになってあれを言う。「あー信じられない。またやらなきゃなんて、うそでしょ。あー信じられない。またやらなきゃなんて、うそでしょ」。残念なことに――エイミー以上に私にとって――彼女の手術はサンドボックスから一番遠い手術室で行われることになっており、麻酔までの時間がとくに長かった。そして、私は彼女の嘆きの声を繰り返し聞いた。例のフレーズは、いつも二回一組だった。手術室に入ると、私は超高速で動き、エイミーはすぐに麻酔にかかった。驚いたことに、エイミーは麻酔用マスクを受け入れ、ほんの少しぶつぶついう声がしたがすぐ静かになった。

今回の手術の目的は脛骨の延長を開始することで、最終的な治療ではなかった。エイミーはまた手術室に戻ってくる。

回復室でエイミーが目を覚ました後、私は母親と話をした。私は罪悪感はもっていなかったが、満足もしていなかった。エイミーの不安に関して十分なことをしてあげられなかったように感じていたのだ。彼女の母親から、エイミーの次の手術でも先生が担当してくださいますか、と聞かれて、私は大きなシヨックを受けた。

奇妙な考えが私の頭を駆け巡った。母親にとって、今回の状態がうまくいったと思えるとすれば、以前のエイミーはいったいどんなだったのだろう？

「今度はもっとエイミーがリラックスできるように、何か考えなければなりませんね」と私は言った。

「ありがとうございます。ありがとうございます。ありがとうございます」

エイミーの不安が私を悩ませた。私の目標は、ストレスを軽減し、なごやかに母親と別れ、落ち着いた状態で手術室までカートを移動すること、そして少々高望みしすぎかもしれないが、エイミーの笑顔を見ることだった。この時間、患者が明らかに緊張していると、私は苦痛を感じるほど不安になる。エイミーを乗せたカートの旅を必ずもっとよいものにしてみせる。

数カ月後、エイミーの母親から電話があった。前回の手術からの回復はおしなべて順調であり、合併症はないし、痛みもそれほどひどくないという。今回、エイミーと家族は、病院に入る前に彼女に薬剤を与えることを了解してくれた。車で病院の駐車場に乗り入れたとき、エイミーは精神安定剤のバリウムを飲み込んだ。これは、彼女がもっとも必要としているとき（手術の時間が近づいたとき）に薬の効き目が現れ、エイミーを落ち着かせることを意図したタイミングだった。今回は、カーテンの下での匍匐前進はなかった。だが、あの呪文はあいかわらずだ。「あー信じられない。またやらなきゃなんて、うそでしょ。あー信じられない。またやらなきゃなんて、うそでしょ」

「エイミー、学校はどう？」

「問題ないです。あー信じられない。またやらなきゃなんて、うそでしょ」

「お休みは楽しかった?」

「うん。あー信じられない。またやらなきゃなんて、うそでしょ」

「手術の後で、どの映画が見たいか決めてあるの?」

「いいえ。あー信じられない。またやらなきゃなんて、うそでしょ。あー信じられない。またやらなきゃなんて、うそでしょ」

今回も滑らかに手術室に入り、速やかに麻酔が導入された。

エイミーは、前回同様、すんなり麻酔から覚醒した。私は彼女のママと話し、また彼女は私に次の手術でエイミーの担当をしてほしいと言う。私はすっかりエイミーが好きになっていたし、彼女の世話をすることを楽しんでいた。エイミーが次の手術を受けることになったとき、私は心の中でエイミーとの会話を練習した。今度こそ、あの呪文を封じることができるだろうか。

翌年、一〇代に突入したエイミーは、病院に到着する三〇分前にバリウムの錠剤を服用した。そしてまた、手術室へと向かう途中、つぶやきが聞こえた。「あー信じられない。またやらなきゃなんて、うそでしょ。あー信じられない。またやらなきゃなんて、うそでしょ」

「エイミー、前回とその前の手術のとき、具合が悪くなったりしなかったかい?」

「いいえ。あー信じられない。またやらなきゃなんて、うそでしょ」

「だったら、どうして「あー信じられない」っていつも言ってるの?」

「わかんない。あー信じられない。またやらなきゃなんて、うそでしょ。あー信じられない。またやらなきゃなんて、うそでしょ」

次の手術のとき、エイミーは十四歳になっていた。今回はバリウムを二錠飲んだ。またしても、あの祈禱が始まった。「あー信じられない。またやらなきゃなんて、うそでしょ。あー信じられない。またやらなきゃなんて、うそでしょ」

「エイミー、「あー信じられない。またやらなきゃなんて、うそでしょ」と唱えると、気分がよくなるのかなあ?」

「わかんない。たぶん。そうかもしれない。あー信じられない。またやらなきゃなんて、うそでしょ。あー信じられない。またやらなきゃなんて、うそでしょ」

私がエイミーを担当した最後のとき、エイミーは十六歳、高校二年生になっていた。二錠のバリウムは、家を出る前に飲んでいた。今や、女性へと変化しつつある彼女の声は柔らかく優しげで、もうキーキー声の名残はなかった。手術室に向かいながらこれまで何度も彼女のつぶやきを聞いてきたが、いつのまにかエイミーはとてもすてきな女の子に成長していた。

彼女がママにキスをしてサンドボックスから出て、二人で両開きのドアをぬけて手術室へと進むあいだに、私はこう尋ねた。「エイミー、学校はうまくいってる? きっと君は優秀なんだろうね」

「ええ、うまくいってます。あー信じられない。またやらなきゃなんて、うそでしょ。あー信じられない。またやらなきゃなんて、うそでしょ」

私は廊下の途中でカートを止めると、カートの上部からエイミーの脇側へ移動し、サイドレールから身を乗り出して、こう尋ねた。「エイミー、ボーイフレンドはいるの?」

「います」

「彼の名前は？」
「ジョン」
「エイミー、ジョンは君のこんな一面を見たことがあるのかな？」
彼女は一瞬黙り込んで、それからクスクス笑いはじめた。「まさか。なくてよかったわ」。エイミーは麻酔にかかるまで笑っていた。ついに、「あー信じられない。またやらなきゃなんて、うそでしょ」がなくなった。ずいぶん長くかかったが、私の願いは最後にかなった。彼女の笑顔を見ることができたのだ。

これまで何回かエイミーをカートに乗せて、大急ぎで廊下を進んでいったが、彼女の不安を和らげるには十分な速さではなかった。薬理学はエイミーにも私にも効き目がなかった。最終的に、気を散らすという裏技が成功をもたらしてくれた。彼女の振る舞いを、別人の目、つまり彼女のボーイフレンドの目で見たときに初めて、エイミーは彼女自身を客観的に見たのである。

彼女が不安を克服する手伝いができたことを私は誇りに思っている。ただ、エイミーが歩くところを見るチャンスはなかった。これが麻酔科医の悲しいところだ。一番ストレスの多い、重大で張り詰めた瞬間にケアを提供しているにもかかわらず、患者の傷が癒えて診察のために来院するときに私が患者に会うことはない。

気を散らすという方法にも問題がないわけではない。私は、ある一〇代の子をだましてボーイフレンドの名前を言わせた日のことを悔やんでいる。

ポーランド症候群は、非常にめずらしい欠損症で、寿命を縮めることはないが、見た目を変える。この症候群は、胸の筋肉（胸筋）の片側に欠損が見られる疾患で、最初にこの病気について発表したロンドンの医師の名前がつけられている。女性に発生した場合、胸筋が欠損している側の乳房が発育しなくなる。これが顕著な場合、ティーンエイジャーは非対称の乳房を修正するために移植を受ける。

ニッキはほっそりとした美人でハイスクールのチアリーダーのイメージそのもののような女の子だった。病院の患者用ガウンを着ていると、乳房の変形はまったくわからない。しかし、彼女が目を引くのは、見た目のせいだけではなかった。彼女の魅力はそのほがらかな性格だ。彼女を嫌いになるなんてだれにもできない。

手術室へ向かうあいだ、私はニッキにボーイフレンドについて尋ねたが、彼の名前を明かそうとはしなかった。

しかし、その日私は道を踏み外し、長く後悔することになる。これは誠実さの問題であり、彼女にこれから投与する薬は自白剤とも呼ばれるんだよ、と言ったとき、私は道義に反した。

私たちが手術室に入ったとき、ニッキは何も言わなかった。私が麻酔導入薬を投与しようとしたとき、もうおしゃべりはしていなかったが、ニッキは唐突に手術台で体を起こすと、ボーイフレンドの名前だけでなく、彼の電話番号を発表した。もしかしたら、彼女が言った名前はウソで、その電話番号にかけても、録音した声で「この番号は現在使われておりません」と言われるだけかもしれない。ニッキが麻酔から覚めたとき、彼女は何も言わず、ただにっこりとほほえんだ。

しかし、麻酔の前に気を散らすつもりが、ニッキを落ち着かせるどころか、かえって居心地の悪い思いをさせてしまったという悔恨の念が残った。

ペニスの手術は最悪の恐怖と不安をもたらす。

二桁の年齢に近づいたとき、サムという名前の少年は、新生児期の割礼が失敗して残った包皮を取り除くためにペニスの手術をすることになった。家族が手術に踏み切るまでにこれほど長い時間かかったのは奇妙に思えた。サムの年齢からすると、もっと不審に思ってもいいくらいだった。なぜこんなに長く待ったのだろう？　両親が止めたとしか思えない。

麻酔の準備をするためにサムの部屋に入ると、母親が彼の右側、彼の頭の近くに座っているのに気づいた。私がまだ言葉をかけていないし、少年のベッドに近づいてさえいないのに、母親はいきなり泣き崩れ、あふれた涙がほおを流れていた。少年の反対側で壁を背にして立っている彼女の夫は、ああ、ついにここへ来てしまった、とでもいうように頭を下げていた。母親は私に視線を据え、息子に付き添って手術室に入り、麻酔をかけるあいだ付き添うつもりだ、と宣言した。「外科医の先生はかまわないとおっしゃいました」と彼女は言う。

「だめです」と私は一言だけ、穏やかに、しかしきっぱりと言った。

「何ですって？」

「だめです」。もう一度言った。

「なぜ、だめなんですか？」

「わかりきってるからです」

「わかりきってるからですって?」

「そのとおりです」

「本当に?」

「はい」

母親が手術室についてきて、抑制が利かない悲痛な感情を爆発されたらたまらない。それに彼女もこれ以上のストレスを抱える余裕はなかった。

母親は、少しのあいだ黙って、私の言葉を考えていた。何が、わかりきってるのかは聞いてこなかった。それからサムのほうに少し体を向け、息子の胸の上で左腕を上げて夫を指すと、私に視線を戻した。

「それでは、夫が行きます」。彼女は自分の感情を制御できないと自覚していた。言葉よりも先に感情があふれてしまう。

私は自分の限界を認めた。これ以上この母親に幸運は通用しない。彼女は交渉の最初で最重要の論点について敗北を喫した。息子といっしょに手術室に入ることはできないが、これ以上敗北を重ねるわけにはいかない。意外にもサムは少しも不安な様子を見せず、このやりとりのあいだずっとおとなしくビデオゲームに熱中していた。

数分後、それまで一切言葉を発しなかったサムの父親は、手術室を無菌状態に保つ目的で用意された病院のバニースーツ(首からつま先まで体を覆う白い紙製のガウン、というよりずた袋に見えるが)を身につけて、息子と私といっしょに両開きのドアをぬけて手術部に入ることになった。

両開きのドアを抜けて数歩進み、手術室まであと四メートルというところで、父親がついに口を開いた。

「私には無理です」

状況を鑑みると、この男性がここにいたくないと思っているのは明らかである。私はサムに目を向けた。彼は完全にリラックスしている。そこで、父親に話しかけた。問題は、彼が本音を吐くのが遅すぎたということだ。私は手際がいいほうだが、そこまで速くはできない。私たちが彼の妻のもとを去ってから今までの短い時間で麻酔を導入することは不可能だ。

「ご主人、ひとつアドバイスしてもいいですか。ここで六〇秒間待ってから、奥様のところに戻ってください。今すぐ引き返すと、早すぎて奥様にばれてしまいますから。ドアを開けるスイッチは、後ろの壁のところにあります」

「ありがとう」

私はサムのほうにかがんで、こうささやいた。「ママには言わないでね」

「言わないよ」と彼は答えた。サムは麻酔を導入するまでずっと楽しげで落ち着いていた。手術も問題なく終わり、サムの母親は、麻酔導入時に夫が付き添わなかったのではと疑っていたとしても、そんなそぶりを見せなかった。

別の日には、別の親が不安を抱えてやってくる。

手術を受けることになっている二歳のチェイスは、おもちゃで遊びながら外来センターのホールを走り回っていた。彼は周囲のことも、彼の不完全なペニスのことをまったく気にしていない。一方、彼の両親はとうてい無関心ではいられない。この男の子の場合、問題は彼に割礼を施すかどうかではなく、彼の元々の割礼をどうやって修復するかであった。私の基準では、今回はむずかしい手術ではなかったが、それでも麻酔は必要だった。

今回の症例は、私が提供する麻酔ケアでも、もっともありふれた手順の見本のようなものだった。麻酔科の研修医がケアのために必要なすべての準備をすませた。彼女が私のところに来て、報告した。「ジェイ先生、患者を見ました。ペニスにスキンブリッジがある以外、健康な二歳児です。彼に他の問題はありません。これは、彼にとって初めての麻酔であり、お母さんは少しピリピリしています。麻酔がかかるまで赤ちゃんといっしょにいたいと言っています。お母さんには、先生とお話ししてくださいと言いました。私は何も約束していません」

「了解」と私は応じた。そして、ふと思った。そうか、今日もしんどい日になりそうだ。子どもに麻酔をするときに不安にかられた親が同席して、私の仕事が楽になったためしはない。私にとっては、手術室での不安材料が増えるだけなのだ。見守るべき人物が一人追加されるし、麻酔導入時に親がいることでよりよい結果が生まれるという保証もない。

ラウンジでコーヒーを手に入れ、患者の受け入れエリアに戻る途中、楽しそうに遊んでいるチェイスが目に入った。彼のカルテを見直した後、私は彼の両親と話をした。麻酔時に親が同席するという話題を出す前に、私はチェイスが麻酔にかかるまでの手順を一つずつ説明した。

「私がこのドアを通り抜けたときから……」と私は麻酔前室のドアを指さし、二分間の物語を語った。母親は疑うような表情になった。「それで全部ですか？」

「はい」

彼女はしばらく黙り込んだ。彼女がほっとしているのか、不信感を抱いているのかわからない。先ほどと変わらず感情の揺れが激しく、いまにも泣き崩れそうな風情である。私は母親の信頼を得るためにベストを尽くし、彼女の反応を待っていた。

彼女は、横で静かに立っている夫のほうに顔を向けた。そして深く息を吸い込んでから、意外にもこう言った。「この子を連れていってください。どうかそうしてください」。私は麻酔をするときに親が同席する件には触れていないのに、彼女は決定を下した。私からすれば、よい判断だ。

私は、赤ん坊を抱き上げた。だが、一〇歩ほど進み、両開きのドアを過ぎるところで、自責の念を覚えた。母親は本当に私を信じたのだろうか？　彼女を納得させることができたのか？　もしかしたら、私が彼女を誘導したってことはないか？

チェイスを母親から引き離してから十五分後、私は待合室にいた両親のところへ行き、話をした。

「手術は終わりました。息子さんは回復に向かっていますよ」

「うそでしょ！」

「いいえ、本当に回復しています。すべて終わりました」

私は麻酔管理を必要以上に簡単なものだとは言いたくない。なんといっても、麻酔には必然的にリスクがともなうのだ。悪い方向に進む可能性があるあらゆる要素について書かれた本が多数存在し、合わせれば膨大なページ数でとてつもない重さになる。医学雑誌には、間違った方向に転がった事例について記録した、ぞっとするような症例報告が掲載されている。

チェイスの両親が息子と再会した後、しばらくしてから男児の様子を確認するために、彼らに会いに行った。母親は感謝してもしきれないという様子で私に礼を言い、その後で、実は一晩中眠れなかったんですと明かした。彼女は真夜中にベッドを出てトイレに行き、便座に座って一時間ずっと泣いていたという。彼女の夫は、彼女を支えるように背後に立って、妻の話に同意しながら、眉をつり上げたり、うなずいたりした。私が言えたのは、こんな言葉だけだった。「私に電話してくださればよかったのに。きっと、気持ちを軽くしてあげることができたでしょう。どうか幸せな人生をお送りください。そう、私のことなど二度と必要としないように」

# 第6章　絶飲食

それはうっすらと明かりのともる部屋で始まった。その部屋は麻酔後のケアユニットと手術室のあいだにあって、入院患者の手術前の待機エリアとして使用されている。部屋で唯一ぬくもりを感じさせるものは、ドアの上部に掲げられた緑色の背景に白い文字の「リンダの部屋」というパネルだった。それは、この部屋で何年もスタッフとして勤め、乳がんで早すぎる死を迎えた看護師の記念だ。私が片方の眉をくいっと上げて、ジョン・ベルーシ風にニヤリとすると、リンダはすぐに真っ赤になったものだ。私は紅潮が首から額まであがっていくのを見ていた。

この薄暗い場所で、マイケルは、大人用のカートの上に座り、引き込まれるような笑顔を浮かべている。彼は独りきりだったが、こわがることもなく、笑った口もとからのぞいた歯は、部屋の暗さのせいでよけいに白く明るく見えた。大きな焦げ茶色の目をありえないほど大きく見開いた彼は、ギュッと抱きしめたくなるクマのぬいぐるみのようだった。彼はまだ四歳だ。人なつこい外観とは異なる、その年齢とは思えぬ抜け目のなさが私をすくませた。私が口を開く前から、彼は麻酔科医――眠りのお医者さん――としての私の役割を知っていて、私を品定めした後、堂々たる態度でいきなり切り札を出してきたのだ。

「ぼく、キャプテンクランチを食べたよ」と彼は言った。

沈黙。

「なんだって?」

「いつ?」

沈黙。

キャプテンクランチといえば、満面の笑みを浮かべた、ふさふさの白い口ひげ、つばの広い海軍帽に眉毛のクランチ船長のシリアルのことである。多くの人が、朝の楽しみ（そしてたっぷりの砂糖）を思い出すはずだが、私にとっては、決して忘れることのできない麻酔にかかわる有害事象――合併症――の記憶が呼び起こされる。

マイケルの手術は、その日私が担当する二件目に予定されていた。私は、前の手術で彼の執刀医といっしょになったので、マイケルの状態と予定されている手術の計画について話し合った。彼は先天性の腸閉塞症がもたらす症状に苦しんでいた。新生児の腸が閉塞する場合、さまざまな原因が考えられる。たとえば、腸の一部が成長しない（閉鎖）。腸の一部がねじれて閉塞する（腸軸捻転症、狭窄帯、または組織の間隙から脱出したまま元に戻らない嵌頓《かんとん》ヘルニアとして知られる）。結腸壁の筋肉層に神経が適切に分布していないために、筋肉の収縮がなく腸の内容物を送り出せなくなる（ヒルシュスプルング病）。または、直腸からの穴が正しく形成されない、鎖肛と呼ばれる疾患など。マイケルの症状は肛門にかかわる複雑なもので、不幸なことに検査と拡張のためにたびたび手術室に戻らなければならなかった。四歳にして、彼はすでに一連の流れを承知していた。

だから、彼のキャプテンクランチの話に私は凍りついた。シリアルと酸が詰まった胃——私が彼の言葉を解釈するとこうなる。そして、それは私の麻酔計画に深刻な打撃を与える。

麻酔ガスを吸入して行われた手術の世界初の公開実験から十五カ月後、麻酔による初めての死亡事例が報告された。一八四八年、ハンナ・グリーナーという名の十五歳の少女が巻き爪の切除のためにかかりつけ医を訪れた。彼女は、麻酔ガスを吸ってからまもなく死んだ。正確な原因は判明していないが、解剖では少女の肺が血と体液でうっ血していたという。主原因が心臓に関連するもの、つまり心拍リズムが生命維持に適合しなかったということもありうる。あるいは、彼女が胃の内容物をもどし、それが気管から肺に入ってしまった可能性もある。その場合は、喉頭けいれん（または「乾性溺水」）が生じたのであろう。

麻酔ガスの吸入により意識を消失してから、麻酔が適切な深度に達するまで、身体の一部の反射はそのまま残っている。こうした反射のひとつである「内喉頭筋反射」により声帯の閉鎖が生じる。麻酔により完全に弛緩する前だと、声帯が刺激されて完全に閉じてしまうことがある。患者は声帯が閉じているのに息をしつづけようとして、肺の損傷、肺水腫、うっ血を生じ、速やかに対応しなければ窒息や酸欠で損傷を負ったり、死に至ったりする。

ハンナ・グリーナーの死に関しては、彼女の胃が食べ物でいっぱいだったことと、蘇生しようと口から水とブランデーが流し込まれたという記録が残っている。水かブランデーが肺に入ったか、あるいは内喉頭筋反射を抑えるところまで麻酔がかかっておらず、声帯が閉じたのかもしれない。喉頭けいれんは麻酔の合併症である。何が問題の引き金になったにせよ、彼女は窒息した。

ハンナ・グリーナーの不幸な事故から百年近くが過ぎたころ、産婦人科医カーティス・メンデルソンが、分娩中の女性は、妊娠による変化により——とくに胎児の存在により大きくなった子宮が上部の臓器をすべて上に押し上げるため——胃の内容物を吸い込んでしまう傾向があると報告した。「メンデルソン症候群」という用語に代わって、今はより説明的な「誤嚥性肺炎」という呼び名が使われている。麻酔の前には、食物が腸へと送り出され、胃がからっぽの状態になるように十分な時間をかける必要がある。これにより、誤嚥性肺炎のおそれを排除することができる。

胃と肺へは別々の通路があり、一回に開くのは一方の通路だけである。筋肉および反射を含む一連の協調的動きを通じて食物の嚥下と呼吸運動が別々に行われる。気管の入口にある声帯は、食べ物や飲み物が口から入ってくるとぴったり閉じる。この声帯内転反射に能動的なコントロールは及ばず、口から入ったものが誤った管に落ちていくのを防ぐ。飲み込むために、食道の括約筋が弛緩し、口のなかの物が胃に滑り落ちていく。

一般にGERD（Gastro Esophageal Reflux Disease）と呼ばれる胃食道逆流症（単に胸焼けとも言う）では、この括約筋がうまく働かず、胃の内容物が食道に逆流する。不顕性誤嚥は、内喉頭筋反射が機能しなかったときに発生する。気管に食べ物や飲み物が入ると気道がふさがれ、空気中の酸素を血流に取り込めなくなる。誤嚥により肺炎を起こすことも多い。

だれでも、何かの拍子に誤嚥することがある。空腹で口いっぱいに食べ物をほおばっていっぺんに飲み込んだり、驚いたりしたときに、口のなかの物が食道から胃へと通過する代わりに声帯から気管に入ってしまう。そして、肺を清潔に保つ防御のシステムが機能しなくなる。

酸は麻酔科医の敵だ。胃は、消化を助けるために自ら分泌する酸に耐性がある。しかし、他の細胞は酸によりダメージを受ける。ここに麻酔のリスクがある。麻酔は筋肉を弛緩させ、反射をなくす。締めつけられていた食道の括約筋が弛緩すると、声帯内転反射による気管入口の保護がなされず、胃の内容物が口に逆流する。麻酔下での誤嚥を防ぐためには、胃を空にする必要がある。

Nil per os（NPO）とは、ラテン語で「絶飲食」を意味する。何十年も続いている麻酔前のきまりごととして、「真夜中以降はNPO」と指示が出される。朝一番に予定される手術では、このルールがきちんと守られる。午後の手術になると、患者は脱水状態になるおそれがある。近年、手術の予定時間と食事や飲み物の種類に応じて、時間的制約は以前より寛容になっている。一般に、透明の液体は麻酔の二時間前までは許可されている。これなら酸で胃が満たされることはないし、むしろ内容物を腸に通過させる助けにもなる。脂肪分の多い食物は多量の酸を作るので、胃から酸がなくなるまでに八時間を要する。

キャプテンクランチの成分表に記載された最初の二つは白砂糖とブラウンシュガーだ。スーパーマーケットで子どもの目線の高さに並んだ箱から魅力的なキャラクターが甘い食べ物を誘いかけてくれば、どんな子どももキャプテンクランチを手に取らずにはいられないだろう。しかし、麻酔を控えたマイケルにとって、キャプテンクランチは待ち伏せしている厄災だ。

私はマイケルの目を見つめた。私は、自分の言葉がこの手術を取りやめにするのに十分な威力があると知っている四歳児を見た。しかし、彼の言葉は本当だろうか？　彼は、ここで行われる医療措置を必要としていた。確信がないかぎり、手術をやめるわけにはいかない。

私は麻酔をかける前の評価にいつも同じ方法を用いる。第一に、麻酔を必要とする理由を確認し、患者の現在および過去の病歴、そして過去の麻酔の記録を調べる。次に、身体診察をして、検査報告書および記録を再検討する。最後に、麻酔と鎮痛計画を立てる。麻酔器具はいつも同じ方法で準備し、配置する。ミス、有害事象、それに合併症を防ぐこと、ならびにこれらを修正する必要性をゼロにすることが私の目標だ。

私は毎回、紙のカルテを最初から最後まで読み、電子カルテも上から下まで確認する。氏名、診療記録番号、生年月日、住所が書かれた患者背景シートがカルテの表紙になっている。小児科では、親が麻酔科医と子どものあいだに入り、同意書に署名する。患者背景シートの下部には同様に重要な情報が記載されている。配偶者、最近親者、親の名前である。

マイケルのカルテを手に取る前に、私はまず物事を整理することにした。彼が言うことは聞いたし、それが何を意味するかもわかっているが、彼が本当のことを言っているかどうかについてはまだ確信がない。この年齢の幼児がわざわざこんなウソをつくだろうか？

麻酔をかける最適な状態にない患者は、合併症のリスクを高める。麻酔時に胃に食物があれば、合併症のリスクが生じる。手術に向けて最適な状態にない患者に麻酔をかける場合、「回顧スコープ」とでも呼ぶべき、後になって見れば明らかだがその時点では見えていない、後知恵的検査装置により糾弾される確率がかなり高い。「なぜあのとき君は〇〇しなかったのか？」というやつだ。

「医原性」――ギリシア語の iatros（医者）と genic（それを原因とする）に由来する――は、生まれてから百年もたっていない用語で、医師により引き起こされたマイナスの影響を指す。麻酔科医だけが、医原性の主体になりうる。つまり、疼痛症候群に対する神経ブロックなど、患者の状態を手当または治癒する目的で行う努力が意図しない方向に行ってしまうということだ。圧倒的多数の症例において、私の目的は、意識と痛みのない快適な状態（誘発された昏睡）にした患者が、私の手によって麻酔による昏睡からよりよい健康状態で覚醒することにある。責任の一部は、指示にしたがい、適切に麻酔に備えるべき患者が負う。それでも、最終的な責任は私にある。

私は周囲を見回した。親も看護師もいない。マイケルを私のところまで連れてきた運搬係も姿を消している。マイケルがキャプテンクランチを食べたという主張を覆す、または裏づけることを頼める人が見当たらないので、私は再び小さな患者に向き直った。

「キャプテンクランチはどこにあったの？」

あいかわらずにこやかな笑みが彼の顔にはりついている。彼が口を開くことはなく、何の答えも返ってこない。

「いつ食べたの？」。さらに聞いてみたが、やはりしゃべらない。今はいたずらっぽい笑顔になっている。茶色の目は最初に見たときほど大きくはなくなっていた。彼は自分の発言がどんな意味をもっているのかすべて承知しながら、まっすぐに私を見つめていた。

この窮地を抜け出すシンプルな解決策は、手術を延期することだ。しかし彼は検査を必要としており、それをしなければよくならない。キャプテンクランチの告白についてさらに踏み込んでみよう。

マイケルが麻酔と手術の経験があることは知っていた。彼はルーチンを熟知している。彼は私をだまして、ケアの手順を変えようとしているのではないだろうか。

患者背景シートと手術内容の後に患者への申し送りが続く。はっきりと「真夜中以降NPO」と書かれている。

私はこう言った。「カルテを見ると、今日君には食事が出されていないはずだけど」。今度も彼は無言だが、ほほえみはニヤニヤ笑いになっていた。

若干ひるんだが、別の方法で探りを入れてみることにした。私は部屋を出て、マイケルがいた病棟に電話をかけて、彼の担当看護師と直接話をした。

「いいえ、先生。彼はシリアルを食べていません。彼の朝食のトレイが配膳されなかったことを確認しています」

私は少年のところに戻った。

「看護師さんと話したよ。君が今日は何も食べていないと言っていた」

ここで、彼はついに沈黙を破り、早口でこう言った。「ぼくはキャプテンクランチを食べたんだ！」

「どこで手に入れたんだっけ?」という私の声は前より少し大きく、少し強めだった。

「ママから」。さっきと同じニヤニヤ笑いを浮かべた口はしっかり閉じて、再び沈黙の態勢だ。

「君のお母さんはいつシリアルをくれたの？　お母さん、ここにいないよね」。またダンマリだ。もう一度電話をかけて、病棟の看護師に質問した。「いいえ、先生。マイケルのお母さんは今日ここにいらっしゃってません。お母さんは二日前から来ていませんよ」（悲しい話だが、私の仕事では少しもめずらしくない現実である）。「今日は何も食べていません」

手術の同意書を見ると、電話で同意を得たことがわかった。母親は昨日も顔を見せなかった。もう一度この子に質問し、無言の応酬を受け、電話に戻った。看護師の我慢も限界に来ているようで、声に苛立ちが感じられた。「いいえ、先生」。「先生」が強調され、延ばすように発音された。「彼は今日、何も食べていません」

私はカルテにシリアル発言を検証するためにどれだけの努力をしたかを記録した。私は考えた。仮にシリアルを本当に食べていた場合を考慮して、彼の胃が空になるまで待つべきだろうか。しかし、彼がシリアルを食べたかもしれない時刻もわからない。四歳という年齢で、非協力的な彼は、たとえできたとしても、正確に何時にキャプテンクランチを食べたかを私に言わないだろう。八時間待たせることになれば、彼の身体は液体を奪われて、脱水症になるかもしれない。彼がシリアルを食べていて、手術をキャンセルするか、彼がシリアルを食べていなくて、私が処置を進めるべきか。

私は看護師を信じた。適正評価の手順を通じて、私はキャプテンクランチの非存在を結論づけた。四歳児の発した短いフレーズで私の仕事を左右させはしない。

私たちは手術室に向かった。

麻酔が導入されると、かすかに「ゲプッ」と音がした。お腹がわずかに震えただけだ。私以外、だれも気づかなかった。しかし、マスクを外すと一口分のキャプテンクランチが現れた。そう、彼は本当にシリアルを食べていた。

それから数分間私は激しく緊張していた。彼の気道に何も入らないように、脇腹を下にした。口からシリアルを吸い出した。それから、聴診器で彼の肺の音を聴いた。呼吸音はクリアだった。顔色もいい。酸素飽和度は正常値を保っていた。神の思し召しがなければどうなっていたことか。彼は胃の内容物を誤飲することなく、疲れを別とすれば何の問題もなく覚醒した。

後になって、マイケルは同室の子の朝食をこっそり食べたと打ち明けた。私は病棟の看護師に電話したい気持ちをなんとか抑えた。

この有害事象すれすれ、合併症発生一歩手前の出来事による重責、あるいは罪悪感は、時間が経っても軽くなることはなかった。部屋の色、「リンダの部屋」のパネルの緑色、壁の時計が指していた時間、交わした言葉が、あの日のまま私の記憶にはっきりと刻み込まれている。完璧を求めるこだわりは決して消えず、それがこの出来事のもっともやっかいなところかもしれない。事実を何回評価し直したとしても、私の決定は変わらない。まったく同じ状況が今目の前にあったとしても、私の判断は同じだろう。危険は密やかに待ち伏せしているのだ。

私は、麻酔への恐怖心をかきたてるつもりはない。この四歳の少年は私の麻酔管理のせいで死んでいたかもしれないし、もしもそうなっていれば、私のキャリアにおいて、死亡のリスクを事前に見きわめられなかった最初にして唯一の患者となっていた。麻酔下で死ぬよりも雷に打たれる可能性のほうが高い。麻酔による死亡リスクは、患者一〇万人に一人に満たない。これは、スカイダイビング、トライアスロンをしたとき、または自転車に乗っているときに死亡する危険率と同じくらいだ。麻酔は非常に安全である。しかし、麻酔科医は決してガードを下げてはならない。

患者の「全身状態」は、患者の身体全体の健康に関する麻酔科医による数値的評価である。PS1の患者は健康である。PS2は、日常生活に影響を与えない、対処可能な健康上の問題がある。たとえば、薬で制御できる高血圧など。ゴルフで十八ホールを回っても問題ない。PS3は、生活を変化させるような症状をもつ。たとえば、階段を一気に上るなどの普通の運動を困難にする心臓病がその一例だ。PS4とPS5の患者は、死のリスクがあるか、死に瀕している。麻酔のリスクはPS値が大きいほど高くなる。これまで私のPS評価について尋ねた患者がいなかったことは、少し不思議な気がする。

私が扱ったおよそ三〇〇〇件の麻酔の症例において、PS1とPS2の患者は、私の麻酔管理の場に健康な状態でやってきて、健康な状態で出ていった。例外は一つもない。私は、生きつづけるチャンスは手術室にしかないという、進退窮まった患者を担当したこともある。全員が生き残ったわけではない。私はいつも、そして今後もずっと、こうしたすべての患者一人一人を忘れずにいる。

単純な事実として、健康で栄養状態が良好で脱水していない患者は最善の結果を得る最大のチャンスがあると言える。麻酔前の八時間に固定物は口にしない。脂肪分の多い食物を避ける。麻酔予定時刻の二時間前までは、脂肪分が含まれていない透明な液体のみオーケー（言い換えれば、スープやシチューはダメ）。コントロールできるものはコントロールする。すなわち、血圧（高血圧症）、血糖値（糖尿病）、気道疾患（喘息ならびに一般には「COPD」として知られる慢性閉塞性肺疾患）など。禁煙が不可能ならば、せめて数日はやめる。とにかくできるかぎりよい状態を目指す。

麻酔中に患者が死亡することはめったにないが、有害事象は起こりうる。麻酔後の吐き気と嘔吐はもっとも多く発生する問題である。麻酔後の吐き気や嘔吐の事例数を判別するのはむずかしい。吐き気は主観的な訴えによるものだし、嘔吐にしても容易には判断できない。口のなかの分泌物を吐き出すのは嘔吐ではない。吐き気と嘔吐は、手術によっても差が出る。眼科手術は、術後の嘔気と嘔吐（ＰＯＮＶ）がとくに多く、最大七五パーセントがこの症状を報告している。たびたび引用される全身麻酔後のＰＯＮＶ事例は三〇パーセントだが、私の経験では、十五パーセントというほうが正確である。私は、数カ月間にわたり自分の患者を調査したことがあるが、全身麻酔直後の二四時間でＰＯＮＶは六パーセントだけだった。

もう一つよく耳にする訴えに歯の損傷がある。ここでも、数値は一パーセント以下から六パーセントまで大きく幅がある。

この二つの症状を私は不快事象と呼んでいる。その影響を軽視するつもりはないが、これらの問題に命の危険はない。一般的で実際に有害な麻酔関連事象は、一パーセントから二パーセントの割合で生じる呼吸器合併症である。呼吸器合併症は、想定外の酸素レベル（パルスオキシメーターの低値）から、肺炎や誤嚥性肺炎までさまざまである。

呼吸器系の有害事象の範囲を超えるものは、「きわめてまれ」として分類される。

メディカルスクールに入ってまもなく、神経科学の授業で講義を行った医師が私たちにゲストの女性を紹介し、その女性に「鳥のように羽ばたいてください」と頼んだ。五回ほど腕をひらひらさせた後、彼女はそれ以上腕を上げることができなくなった。私たちは重症筋無力症（myasthenia gravis：「重い筋肉の脱力」というラテン語に由来）の症状を見たのだ。筋肉細胞表面の受容体は、神経の末端で放出され筋収縮を促す指令の伝達物質を受け取る役割をもっているが、この疾患があると、受容体が正しく機能しない。これは非常にまれな部類に入る。私が担当する高リスク症例でも、この疾患に出会うのは年に一度程度しかない。

麻酔に関して重症筋無力症に相当するのは、一般的には「アレルギー反応」と呼ばれるものであるが、実際はアレルギーではない。特定の麻酔薬への反応が身体の筋肉を暴走させ、高熱、高心拍数、高二酸化炭素濃度をもたらす。見過ごされれば、死に至ることもある。悪性高熱症（ＭＨ）は遺伝的変異体で、この素因をもつ患者は、代謝異常反応を起こしやすい。ただし、この疾患はきわめてめずらしい。成人と子どもの両方を診察する多忙な麻酔専門医でもＭＨの症例に遭遇する機会は三七年に一度といったところだ。重症筋無力症と発生率は同程度であっても、麻酔専門医は全員ＭＨについて知っていなければならず、だれ一人としてこの疾患で死ぬことがあってはならない。

一般的かきわめてまれかにかかわらず、麻酔には潜在的なリスクがある。麻酔専門医は最善の結果を得るために幅広い知識を維持し、広範な情報に注意を払う必要がある。キャプテンクランチの一箱一箱は、麻酔の合併症が闇に潜んで待ち受けているという警鐘である。

# 第7章　心臓の鼓動

露出され目の前で鼓動する人の心臓を見て、自分がこれほど深く感動することになろうとは、メディカルスクールに入る前の私は夢にも思わなかった。それを初めて見たときの衝撃は、まるで宗教的体験のようだった。脳は人体でもっとも複雑な臓器だが、そのエネルギーは目に見えない。活動も運動もないし、思考を見ることもできない。観察し、触れ、感じたとき、もっとも気持ちが高揚する臓器は心臓である。胸の奥底で、鼓動のたびに飛び出しそうに揺れる心臓を見つめること以上に、医者としての私の感情を揺さぶるものはない。他のどんな臓器とも異なり、心臓は常に動いており、決して休むことがない。その鼓動が命をつかさどっているのだ。

心臓は、こぶし大のサイズで、えび茶色の表面がその下にある赤い部屋を覆い隠している。テカテカする表面の一部に薄黄色の脂肪がつき、曲線に満ちたリズミカルな動きは、絶え間なく打ち寄せる波となり、手術室の照明を反射する。象牙色の壁に囲まれ、薄く油が塗られた浴槽のような場所にある心臓からは、すぐに拍動だとわかる「ラ・ラップ」という音が聞こえてくる。

心臓の表面は温かく、湿っぽくて、少しねばついている。薄く油に覆われているようなこの感触は、大ミミズのぬるりとした粘液を思い起こさせる。変革を生み出すエネルギーが心臓の微小な電荷から流れて、探るような医師の指先にスピリチュアルな目覚めをもたらす。指が触れると心臓は反射的にビクっとし、その後一瞬静かになるが、すぐにいつものリズム――「ラ・ラップ」――が戻る。

健康な心臓に聴診器をあてると、内部のバルブが調子を合わせて開閉するようにキビキビとこの一対の音が聴こえる。小さな細胞の塊から生じる電気エネルギーは、心臓を通過し、ケーブルに沿って流れ、フラットスクリーンモニター上のネオングリーンのラインに変換される。電荷が心臓を移動するにつれて、まっすぐな水平線に小さな波形が現れ、大きな波形の後に上下するひと続きのギザギザの線が描かれる。その後少し休んでまた同じ景色が繰り返される。この複雑な波形全体が、一回の鼓動を作り出している。

私の医師としての自覚は、麻酔の分野に足を踏み入れたときに形を成した。しかしそれは、私が子どもたちのケア、そして心臓への情熱を感じたときに初めて完成したのだ。そして私は、心臓に疾患や異常をもつ子どものケアに深く傾倒することになった。


ジョンは高校二年生で、バスケットボールの選手になることを夢見ていた。体育館の木の床をボールが弾むときの重厚な響き、スニーカーがキュッと鳴る音、ボールが空中を泳ぎ、その縫い目が独自の世界を描くように回転するところ、そして、ボールがリングに入り、床に落ちる前にネットを抜けてヒュッと風を切る音が彼は大好きだった。しかし、彼のチャンスは今年もまた消えそうになっていた。母親によると、ジョンは一年生のとき、惜しいところで選抜チームに入れなかった。今、あれから一年過ぎて、必死の練習と覚悟により、チームに入るという彼の夢が実現されそうなところにきていた。あのマイケル・ジョーダンですら高校では選抜チームに入れなかったのだから望みはある。

しかし、チームメンバーの選考会は、ウォームアップが終わらないうちに悪夢に変わった。ジョンの身体が彼の心に宿る熱意を伝えてくれないのだ。彼の決意の強さに反して足が動かない。ジョンはのろのろとコートを行ったり来たりしていた。別のプレーヤーが彼のすぐそばをドリブルで駆け抜ける。ジョンの足は鉛のように重い。スピードも活力も欠いた彼は夢を失おうとしていたし、彼自身にもそれがわかっていた。必死になればなるほど、息苦しさが募り不安も増すばかりだ。何かがおかしかった。

ジョンが両親に身体の不調を訴えると、すぐにかかりつけの小児科医に相談しようという話になった。そして、この小児科医から紹介を受けた小児心臓専門医は、ジョンが思うように動けない原因を特定するために心臓カテーテル検査を受けるよう助言した。私は、ジョンが検査のために来院した際、彼に麻酔を施した。

私は、心臓カテーテル検査室で行われる処置の前にジョンと彼の母親と話した。彼の身体診察をした後、私は彼のバスケットボールシーズンは終わったと感じた。実のところ私の懸念はもはや今シーズンのことでも、来シーズンのことでもなく、ジョンがもう一度バスケットボールをできるだろうかという点にあった。

彼は落ち着いた様子でカートに横たわっており、疲労感と息切れを除けば、これといった既往歴はなかった。彼は私がイメージするバスケットボール選手より少し太めだったし、彼の腹も意外にぷっくりしている。しかし、これは脂肪ではなかった。体液貯留で体重が増えていたのだ。彼の心臓が戻ってくる血液を処理しきれず、肝臓がうっ血して腹を押し上げた。大量の体液が腹部を満たし、足のむくみが生じた。目立つほどではないが、むくみがあれば問題の存在が疑われる。私は私自身の診断を下したが、それを口にすることはない。それは確定的なものではなかったし、私が下すべきものでもなかったので、予定している麻酔管理についてのみ話した。それでも、ジョンの心臓に欠陥があり、彼が問題を抱えていることは明らかだった。

ジョンがカテーテル検査室に呼ばれたのは、治療が目的ではない。ステントで拡げなければならない動脈血栓も、機能不全または狭窄のために修復もしくは置換が必要な心臓弁も存在せず、左右の心房を仕切る壁の穴を塞ぐ必要もない。今回の処置は診断を下す以外の目的はなく、診断のツールとしてカテーテルラボが選択された。

心臓カテーテル検査室は寒々しい場所である。そしてこの空間は混沌としている。私は何百回もこの部屋に入ったことがあるが、いつ見ても秩序のかけらもない。患者用入口の向こうにはこれといった目的のない空っぽのスペースが広がっている。部屋の半分は床から天井まで、ただただ詰め込まれたようなテクノロジーの山だ。天井には梁、桟、パイプ、ケーブルが縦横に走り、固定された検査台の上部でさかさまになった滑走路のように見える。梁からは大型のX線透視装置のチューブを支えるアームが、検査台の両側と上下に伸びている。この透視装置とぶつかりそうになりながら、天井から吊られたフラットスクリーンモニターがずらりと並ぶ。

麻酔器、医療ガスの配管、電気コードがついたモニター、麻酔備品カート、除細動器（心室細動を起こした心臓に電気ショックを与える機器）カート、侵襲せずに体内を隅々まで調べる超音波装置、多目的カテーテルカートなど、あらゆる機器が検査台にもっとも近い場所を占めようと縄張り争いをしている。検査台の周囲には患者に薬剤を投与する点滴と輸液ポンプ用のポールがある。うっかりつまずく不運を誘うようにコードやチューブが検査台から伸びている。

ここは頭部も足元も危険に満ちている。この部屋の麻酔基地で私が卒倒したとしても、床に着地できるほどのスペースはなかろう。

天井の迷路の上方には照明が据えつけられ、部屋全体を照らすはずの光線は、ぶらさがっているさまざまな機器類に遮られている。検査台の上の患者は、このテクノロジーのジャングルで容易に迷子になりそうに見えた。天井近くの壁には、部屋の雰囲気を和らげようと渦巻く白い雲のあいだを飛ぶ複葉機や空に浮かぶ熱気球と凧の絵が描かれている。しかし、視界が障害物でふさがれているので患者が体をひねらなければ絵は見えない。

ジョンを乗せたカートが検査台のところまで運ばれてきた。彼は検査台の縁を指で確認してから、ゆっくりと移動を始めた。上方に伸びている透視装置に頭をぶつけないよう慎重に体を移している。彼が苦労している様子を見て、彼の心臓が正しく機能していないことを私は確信した。検査台へ移る体力も足りないような状態だ。私は、彼の心臓疾患の程度と複雑さを考慮して、麻酔計画と使用予定の薬剤を見直すべきか見きわめる必要があった。

心不全と麻酔導入は対立する。麻酔の導入に使われる薬剤は心臓の機能を低下させ、ジョンのような患者を危険な状況へ押しやるおそれがある。麻酔下において、彼の心臓は十分な血流と血圧を提供できるほど強く鼓動することができないかもしれない。そうなると、ジョンはショック状態に陥るか、心停止が起こる。ジョンは、すでに低下している心臓の機能を維持し、かつ彼を鎮静状態にするという二つの課題を両立させるむずかしい仕事を私に与えた。

血圧と心拍数を落とさないように、麻酔計画を変更しようかとも考えた。しかし、メリットの裏には必ずデメリットがある。私の二番目の薬剤候補――彼の心臓が重篤だと判断した場合の選択肢――は不快な幻覚を生じることがある。

検査台の中央に横たわったジョンは、リラックスしているように見えた。私は安堵した。心臓の機能がひどく悪化していたら、これほどゆったり横になってはいられないからだ。すでにうっ血が生じている肝臓が肺を押し上げていたら、呼吸には困難がともなうはずである。そこで私は、心配する代わりにいつも以上に慎重を期すことにした（不安を抱えた麻酔科医は誤った判断を下しがちだ）。私の元の麻酔計画の薬剤で、ジョンは安全に麻酔状態に入った。

処置の準備が整ったところで、私は検査台から一歩下がって青い滅菌シーツの下で意識を失っているジョンを見た。シーツの穴は、彼の右鼠径部を露出する直径十二センチほどの大きさだった。ここから彼の血管にアクセスする。それは皮膚の一部に過ぎず、一人のティーンエイジャーが本当にここにいるという唯一の手がかりである。私は、モニタースクリーンに描かれる彼の健康状態を示すライン、それに心拍数と酸素レベルを伝えるモニターからの音だけでジョンとつながっていた。弱った心臓だけでなく、命そのものが危険な状態にあるという事実を簡単に見失ってしまいそうだ。

生検鉗子は先端に二つの極小なカップがついた十数センチの長さのワイヤーで、カップがパチンと閉じてマチ針の先よりも小さな心臓組織を切り取る。この生検鉗子が彼の右鼠径部に入れられた針とカテーテルを通じてジョンの大腿静脈を経由して心臓まで進められる。そして、肺に血液を送り出す仕事を担当するジョンの右心室から心筋の小さな塊が採取された。

リンパ球浸潤、筋細胞壊死、心内膜線維症。顕微鏡検査によりジョンの心疾患の原因が確認された。平易な言葉で言えば、彼の心筋に炎症と壊死が起こり、患部が傷ついた組織（瘢痕《はんこん》組織）によって置き換えられていた。この症状は、心筋炎と呼ばれるウイルス感染の結果である可能性が高い。瘢痕組織は鼓動せず、ポンプ機能が働かない。

検査の後、息子の状態を告げられた両親の反応は予想どおりだった。「治療法は？」

二人は呆然と立っていたが、「心臓移植です」という答えを聞いて言葉を失った。

ほんの数週間前まで、ジョンは病気に気づくことなく、バスケットボールのスター選手をめざすあたりまえの高校二年生だった。ところが今、彼は死に瀕している。

診断の瞬間、ジョンと彼の家族は医学の暗黒面に足を踏み入れた。命のてんびんに関してひねくれた言い方をすれば、ジョンが生きるために、だれかが死ななければならない。移植が可能な損傷のない臓器を手に入れるためには、命が短時間で奪われ、速やかに脳死状態が生じる必要がある。このシナリオにはほぼ確実に暴力が含まれる。楽観的な人は、最悪の状況の最良の利用法だと見る。二つの命を失う代わりに、一つの命を救ったと。それでも、臓器を受け取る外科チーム、つまり別の患者の胸に臓器を移植する病院のチームは、何世紀も前の墓荒らしを私に連想させる。墓荒らしは、真夜中、灯油ランプの明かりをたよりに、シャベルを手に墓を盗掘した。今日、彼らは明るく照らされた、清潔で無菌の手術室で盗掘する。

弱ったジョンの心臓は急激に悪化した。心臓カテーテル検査の後、ジョンは病院に残り、強心剤による薬物療法を受けることになった。他のだれかが不運に見舞われるのを待つあいだ、心臓の収縮機能を高めるための静脈内投薬が行われた。ジョンにとって幸運なことに、そして他の気の毒な人にとっては不幸なことに、心臓移植に向かう道のりは非常に短かった。診断が下されてから数週間後、ある人物が急死し、その人の心臓がジョンの胸骨の下で鼓動することになったのである。

彼の心臓移植手術のあいだ、私はエーテルスクリーン越しに胸腔を見ていた（麻酔基地と手術エリアは、麻酔科医のあいだでは「ブラッド・ブレイン・バリア（血液脳関門）」として知られ、エーテルスクリーンとも呼ばれる紙製のドレープで仕切られている）のだが、ジョンの心臓は標準的なこぶし大ではなく、ほとんどメロン、それもマスクメロンの大きさだった。引き締まった健康な心筋は、機能不全のたるんだ心筋に取って代わられていた。そしてそれは、弾むように動くのではなく、かすかで不明瞭な「ラ・ラップ」の音とともに左右に揺れているように見えた。

ジョンの移植手術が無事に終了した後、新しい心臓に対する彼の身体の拒否反応を測定する組織検査のための心臓カテーテルを含め、彼に何回か麻酔をかける機会があった。手術直後の彼の回復は、取り立てて目立たないという点で際立っていた。麻酔が彼の心臓を傷つけるのではないかという私の心配は

msz

# みすず 新刊案内

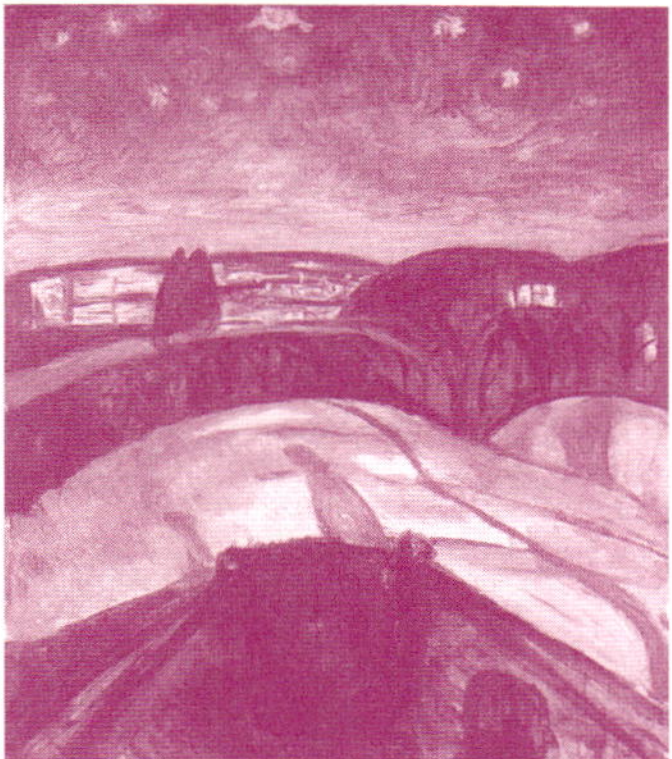

2019. 11

# 霧中の読書

荒川洋治

「物音ひとつしない静けさに被われることがある。何かを読み忘れていないか。そう思うのは、そんなときだ。書棚に置いたまま、まだ読んでいない書物が多数ある。また、書物のなかに含まれる作品のすべてを読むわけではないので、そこにも読まないものがあって、新雪のように降りつもる。そのことがこれまで以上に気になりはじめた。ある年齢を過ぎると、知らないまま行き過ぎることを惜しむ気持ちが高まるのだろうか」

これまで多くの読者と高い評価に支えられてきた散文集シリーズ。『忘れられる過去』(講談社エッセイ賞)、『過去をもつ人』(毎日出版文化賞書評賞)につらなる本書もまた、ぶれない著者の発見と指摘に、読む者は胸を突かれ、思念の方位を示される。そのありがたみは変わらない。風景の時間、ゴーリキーの少女、名作の表情、制作のことば、川上未映子の詩、西鶴の奇談、テレビのなかの名作、など近作エッセイ45編に書き下ろしを加えた。

四六判　二三二頁　二七〇〇円(税別)

# なぜならそれは言葉にできるから

## 証言することと正義について

カロリン・エムケ
浅井晶子訳

暴力をうけた人は、「それ」を話すことができるだろうか。周囲の人は、「それ」を聞くことができるだろうか。世界への信頼を打ち砕かれた人が、ふたたび世界に戻ってくるために、私たちは何ができるだろうか。

著者エムケは世界各地を取材し、さまざまな人と出会う。暴力の渦中にある人々との対話から、「語ること」「聞くこと」「聞いたことを伝えること」について考えていく。

語ることを強いるのではなく、言葉にならないとするのでもなく、「それでもなお語る」ことを探ること。口ごもりながら、断片的に語るとき、そこには空白があるかもしれない。だからこそ「それ」は言葉にできる。語りに首尾一貫性がないと信頼できないとするのではなく、聞く人が「それ」を聞けるかが、世界への信頼を取り戻す鍵となる。

出会った人々の言葉とともに、旅するエムケの生活や思い出が、普遍的な考察へとつながっていく。温かく、深みのあるエッセイ。

四六判　二四八頁　三六〇〇円(税別)

# みんなにお金を配ったら

**ベーシックインカムは世界でどう議論されているか？**

アニー・ローリー
上原裕美子訳

「ユニバーサル・ベーシックインカムについての最良の研究だ」ローレンス・サマーズ（ハーヴァード大学教授）。「想像してみてほしい。銀行口座に毎月お金が届けられる。それで生活は維持できるが、あくまでぎりぎりという金額だ…［この］シンプルで、ラディカルな提案には名前がある。ユニバーサル・ベーシックインカム（ＵＢＩ）だ。…わたしはＵＢＩについて知れば知るほど、夢中になる気持ちを抑えられなくなった。ＵＢＩは現代の政治経済に興味深い問いを投げかけるからだ。インドの経済学者と、シリコンバレーのテクノロジー企業トップが同じことを望むなど、ありえるのだろうか。1日60セントで暮らすケニアの村人に適した政策が、スイスの豊かな市民にも等しく適しているなど、そんなことがあるだろうか。本書は、このような問いに答えを出したいという思いで執筆を決意したものだ」。世界の多様な人々を取材し、その可能性と問題点を報告。

四六判　二五六頁　三〇〇〇円（税別）

# マツタケ

**不確定な時代を生きる術**

アナ・チン
赤嶺　淳訳

マツタケをアクターとして、人間と人間以外のものの関係性、種間の絡まりあいをつぶさに論じ、数々の賞に輝いたマルチスピーシーズ民族誌の成果を、ここにおくる。

日本（京都・中部地方）・アメリカ（オレゴン州）・中国（雲南地方）などの共同研究者とのフィールドワークを通して、マツタケの発生から採取、売買・貿易、日本人の食に供されるまでの過程に、著者は多くを観察し、学んでゆく。森林伐採、景観破壊、戦争による東南アジア難民、里山再生、コモディティ・チェーンとサルベージを通じた蓄積など、資本主義がもたらした瓦解からいかに非資本主義的様式が生まれ、両者が絡みあいながら、人間と人間以外のものが種を超えて共生しつつ世界を制作しているのか。コモンズの可能性や学問研究のあり方までを射程に入れ、人間中心主義を相対化した、鮮やかな人類学の書であり、今後の人文・社会科学のひとつの方向性をしるす書である。

四六判　四八八頁　四五〇〇円（税別）

## 最近の刊行書

——2019 年 11 月——

トーマス・ベルンハルト　岩下眞好訳
**破滅者**　5500 円

J. M. クッツェー　田尻芳樹訳
**続・世界文学論集**　5000 円

小倉康寛
**ボードレールの自己演出**——『悪の花』における女と彫刻と自意識　9500 円

マルコ・ピエール・ホワイト／ジェームズ・スティーン　千葉敏生訳
**キッチンの悪魔**——三つ星を越えた男　3000 円

アラン・ムーア　エディ・キャンベル画　柳下毅一郎訳
**フロム・ヘル**［新装合本］　4600 円

ヤシャ・モンク　那須耕介・栗村亜寿香訳
**自己責任の時代**——その先に構想する、支えあう福祉国家　3600 円

ダン・ストーン　上村忠男編訳
**野蛮のハーモニー**——ホロコースト史学論集　5600 円

＊＊＊

**―好評重版書籍―**

**■ 2019 年ノーベル経済学賞受賞・著書 ■**

**貧乏人の経済学**　A. バナジー／ E. デュフロ　山形浩生訳　3000 円
**貧困と闘う知**　E. デュフロ　峯陽一／コザ・アリーン訳　2700 円

＊＊＊

**専門知は、もういらないのか**　T. ニコルズ　高里ひろ訳　3400 円
**科学者は、なぜ軍事研究に手を染めてはいけないか**　池内 了　3400 円

＊＊＊

月刊みすず　2019 年 11 月号

「翻訳の声」浅井晶子・「政治学と地域研究」酒井啓子／連載：「機能獲得の進化史」（第 6 回）土屋 健・「アーレントを読む」（第 6 回）矢野久美子／小沢信男・辻 由美・中村和恵　300 円（2019 年 11 月 1 日発行）

みすず書房
www.msz.co.jp
東京都文京区本郷 2-20-7　〒 113-0033
TEL. 03-3814-0131（営業部）
FAX 03-3818-6435

表紙：Edvard Munch

※表示価格はすべて税別です

軽くなっていった。今の彼は健康な心臓をもっている。

心臓移植を受けた人の回復プロセスは、決して終わることのないマラソンのようなものだ。ジョンの人生における新しい目標は、他人の家に住むことになった心臓の健康を維持することだった。その家は反抗的で敵意に満ちた環境であり、できれば新しい心臓を住まわせたくはない。彼は、自分の身体が他人の心筋を攻撃しないように複数の薬を服用しなければならなかった。

これらの薬は、スケジュールどおりに飲まなければならない。身体の防御メカニズムは、血中に一定の薬物濃度を維持することを絶対必要とする。なぜなら、侵入者（この場合は、他人の心筋）に対抗する身体の防御メカニズムは決して休むことがないからである。服薬の休日はない。

移植患者が薬を飲み込めなかったり、吐き出したりするようなことがあれば、風邪やウイルス性胃腸炎などの一般的な季節性疾患が命取りとなりうる。そうなると、タイムリーに静脈内輸液と薬剤投与を行うために、繰り返し入院が必要となる。

現時点で、移植されてもっとも長く生きている心臓は、心拍数にして一〇億回余り、年数にして三〇年である。心臓移植者の一〇人のうち八人は一年目を生き延びる。大半は二〇年、または七億五〇〇〇万回の鼓動分生きる。これは膨大な数字と言えるが、平均寿命における心拍数の三〇億回に比べるとだいぶ少ない。つまり、移植された心臓が老齢になる保証はない。それは、更新が必要な、命のリースである。とくにこれは若いレシピエントに当てはまる。移植された心臓では、徐々に血管が狭まる「血管障害」が生じるが、これは拒絶反応を抑えるのと同じ薬により引き起こされるデメリットなのだ。心不全はいずれ再発する。

ジョンの両親は息子の幸福のために全力を傾けた。薬は常に準備され、スケジュールは管理され、定期検診もあらゆる助言も順守された。ティーンエイジャーがこの厳しいスケジュールを守ることは容易ではない。こうした制約があると、成長期の子どもは、体力的、精神的、社会的に排除される。修学旅行、友人との外出、深夜のパーティー、休暇など、すべてが危険をはらんでいる。深酒も二日酔いも許されない。生活は以前と同じではなく、同じであるべきでもない。

しかし、ジョンは厳しい療法に取り組み、数年後に私たちの小児病院を卒業し、成人医療機関に移った。

そのころ、十一歳のバンダルが私の病院に運ばれてきた。彼の状態はジョンよりも重篤だった。不法移民の息子で保険もなかった。医療費を払えないバンダルに関して、彼の心疾患が完治するまで必要なすべての措置を行うことはもちろん、ERに受け入れることさえ許可する国は世界中にほとんどないだろう。

ところが、予想外の余剰収入と好景気から特別配当金を得て、州議会は、病気に苦しむ貧しい子どもに幸運をもたらす選択をした。税金の値上げも選挙の票の減少も気にしない熱心な議員の支持を受け、医療を受ける余裕のない家族の子どものための基金を強化したメディケイド制度（州が運営する低所得者向け補助制度）が成立した。バンダルはこの新制度の恩恵を受け、無条件でジョンと同じ質と量のケアを受けた。少なくとも私の麻酔管理の観点からは、バンダルとジョンのケアは同一だった。

しかし、バンダルの心臓カテーテルと診断の後、彼がたどった道はジョンよりも不吉な様相を呈していた。バンダルの心不全の進行はジョン以上に急速で、会ったこともない特別な人が死ぬのを待っているあいだにさらに悪化した。彼には、心臓の収縮と血流を補助する外部ポンプ――心室補助装置（VAD）――を取りつける必要があった。麻酔に関する複雑な手順だけでなく、彼をICUから手術室に移動するだけでも、潜在的なリスク満載の途方もない作業であった。しかし、運がバンダルに味方した。彼もまた、不運な人の心臓を受け取ったのである。

移植の後、バンダルはジョンよりも長く病院に留まった。彼の自前の心臓は腎臓を支えることができなくなっていたために機能不全が生じ、心臓移植後の治癒に時間がかかった。しかし、バンダルもやがてジョンと同じ薬剤および同じ注意事項を渡されて退院することになった。

英語を話せないバンダルの家族に、薬を決められたとおりに服用し、診療所の定期検診を欠かさないことの重要性を理解してもらうまでに相当の時間を要した（どの日をとっても、メディケイドを利用する外来患者の二〇パーセントが診察の予約日に現れない）。厳格なスケジュールが少しでもずれれば、バンダルの新しい心臓に支障をきたすかもしれない。

バンダルの両親は真面目な人たちで、少年は予約日に毎回きちんとやってきた。バンダルを中心として強力なサポートグループが組織された。バンダルが成長するにつれ、記載される医師の所見のトーンも楽観的になっていた。十八歳のとき、バンダルはだれにも促されずに自分の薬を服用し、自身のアポイントメントの予定を管理する責任を負うことになった。バンダルのカルテによれば、彼は、質問に答えて、すべての薬の名前を挙げ、薬を服用する時間を書き出すことができ、担当の医師、クリニック、病院の電話番号を暗記していた。

しかし、死は常に心臓移植患者の近くで待ちかまえている。私はバンダルが二〇歳になった年に彼に再会した。前日の夜、彼は腹痛と下痢を訴えてER経由で入院した。彼の腕の静脈からプラスチック管をとおして移植された心臓に薬剤を投与するとともに、血液サンプルを採取する必要があった。バンダルの身体は移植された心臓を拒否していた。

見たところ彼は健康そうだ。やせてはいるががっちりしている。腕と脚には筋肉がつき、たくましい体つきだ。それに、礼儀正しく、私の質問にも快く答えてくれた。

「タトゥーをいれたのはどうして?」。腕の二頭筋を覆うように描かれた巨大な虎のタトゥーについて尋ねた。移植患者がタトゥーをいれるのは、危険で軽率な行為である。

「キックボクシングのためです」

「何だって?」

「このタトゥーはファイターとキックボクシングを表現したものです」

「君はキックボクシングをしているの? 心臓移植を受けたよね」。「お医者さんたちは、ぼくにもできるって言いました。注意深くやれば、問題ないって」

バンダルの麻酔は何事もなく終わった。麻酔記録の彼の心拍と血圧は鉄道の線路のようだ。マークと点は、私の熱望するまっすぐで平坦なラインを描いている。手術が無事に終わり、私はバンダルを集中治療室に連れていった。

しかし、翌週、胸腔内の肺のまわりに体液——胸水——が溜まり、バンダルは病院に戻ってきた。体液を排出するために管をいれる必要があった。バンダルは、急激な下方スパイラルに陥っていた。「患者は排水溝のまわりを回っている」などと表現されることもある。つまり死期が近いということだ。

別の麻酔科医が彼の処置を担当することになっていたが、バンダルの状態が不安定だったため、小児麻酔専門医が必要だということになり、私がまたバンダルに会った。処置の前に、彼の入院にかかわる問題が詳しく記載されたカルテを見直した。

私の心臓に鉛の重りが釣り下げられ、引っ張られた心臓が胸から飛び出して腹に落ちたような気持ちになった。

医師やソーシャルワーカーが残した何件かのメモによると、バンダルはERに来る前の九日間拒絶反応抑制剤を飲んでいなかった。このときの麻酔記録は線路ではなかった。いくつかデコボコがある。血圧が変化していた——深刻ではないが、はっきりとわかる——ので、バンダルは、移植された心臓の機能を助けるための薬を投与された。

バンダルはいつも礼儀正しく、感じよく話してくれる。彼を心臓カテーテル室から病室に連れていくと、いつも彼のために一生懸命な両親がバンダルのベッドの奥にあるソファに前かがみで座っていた。二人は不安そうに黙り込み、父親は膝のあいだで両手を握りしめ、母親は両手を膝の上で重ねていた。両親は目を見開き、バンダルの病状がどれほど重いかを知っているかのような暗い顔で、私がその解決策、治癒の方法をもっていることを祈っているようだった。

小児心臓麻酔専門医としての私の存在に加えて、バンダルにはERの医師、小児心臓移植専門医、小児専門インターベンショナル心臓医、小児専門インターベンショナル放射線科医、小児病理学者、先天性心臓疾患外科医、小児心臓集中治療専門医（救命救急医）がついていた。さらに、看護師を含め、この驚異的な専門チームを補完するために必要なあらゆる技術者が控えていた。しかし、医療センターの壁を越えて結成されたチームの専門的知識と技能をもってしても、届かない場所はある。

ティーンエイジャーの脳の成長は、体の発達よりも遅い。子どもは外見はぴかぴかで頑丈なスポーツカーのように見えるかもしれないが、ボンネットの下は未完成である。一〇代の子どもには高性能のアクセルがついているが、制御のためのブレーキが甘い。脳の微妙な変化は二〇代まで続くが、追い立てられるような衝動がだんだんと抑制できるようになり、あるいはそういった衝動が消え、感情面での不安定さがなくなっていく。

医療補償を拡大し、すべての子どもに無条件で治療を提供する法律は、意図しない結果を生じた。扶助は永遠には続かない。どこかで終わらせる必要があった。たいていの医師は数十年先の患者の生活まで考慮するし、とくに小児専門医はそういうものである。しかし、法律を立案した人々は、バンダルのような患者が移植の八年後に必要とするものを理解していなかった。

政治家は、子どもが子どもでなくなったときに、寛大な補助を終わらせるという決定を下し、子どもの十九歳の誕生日の月末を補償の最終日とした。このため、バンダルはもう投薬を受けていなかった。バンダルは不定期な仕事があるときには父親といっしょに働き、大学に入学して医学分野に進むことを希望していた。彼が入りたかった大学には車で通う必要があった。衝動に駆られて、バンダルは一日あたり二五ドルかかる免疫抑制剤を買う費用を節約するという方法を選んだ。バンダルの集中治療が長引き、ほんの一瞬で彼が貯めていた二〇〇ドルは消えた。病室の費用だけで数十万ドルかかるのだ。検査、治療、処置を含む、彼の入院中にかかった金額で、長い年月バンダルの予防薬を買えただろう。

バンダルは五七日目に病院で死んだ。

私は、彼に関して私が担当する範囲を超えた決定に何の役割も果たしていない。私の役割と目標は、できるかぎり最高の麻酔ケアを提供することだけである。そして、私は一人で仕事をしているのではない。医学の世界の最精鋭チームのメンバーであることを誇りに思っている。しかし、チームの成功、そして心臓を移植された子どもの健康は、チームの手の届かないところにある。

# 第8章　特別変わった患者

私が外科でトレーニングを受けているとき、すばらしい才能に恵まれた外科医が私に驚くような助言をしてくれた。

「すべての患者をゴミのように扱いたまえ。そうすれば、すべての患者はまったく同じように扱われる」。彼が意図するところは明らかである。患者の地位により治療手順が変わることがないように、すべての人を同等に扱え、ということだ。私は、すべての人を同じように、ただし王様のように扱うこと、と解釈した。

私は常にＶＩＰ患者など存在しないと自分に念押ししている。ただ、ときとして患者が他とは並外れて違っていることがある。

三連休の週末明け、私は病院へ出勤し、外科の管理デスクに向かった。先週の金曜に退出したときには、翌週火曜日の患者はまだ割り当てられていなかったのだ。週末のあいだに、とくに長い週末の場合は、スケジュールが変わっていることが多い。外科的治療が必要な疾患が生じたり、ケガをしたりで、患者が入院する時間がたっぷりあるからだ。

小児外科のフェロー（一般外科の研修を完了し、下位専門分野で研修中の医師）がデスクの手前まで来ていた私を呼び止めた。

「時間、ある？」

「たぶん、何も予定は入っていないと思うけど。どうして？」

「いっしょに来てくれないか。手を貸してほしいんだ」

方向転換し、彼について廊下を通り病院を出ると、思いがけず研究棟に入っていった。この建物には、試験管を使った化学実験や細胞の培養からめずらしい大型動物の実験まで、あらゆる種類の研究を行う機関が入っていた。外科のフェローが化学実験や微少細胞のプロジェクトで私の助けを必要とするとは思えない。化学者としての訓練は受けたが、私は何年も実験をしていないし、細胞レベルの研究にも携わったことはない。いったい何事だろう。私の想像は広がるばかりだ。

医学研究は、必然的とはいえ多くの危険が潜んでおり、ある意味ちょっとした賭けである。答えを見つけ出すべく適切な質問をし、妥当な解決策を導き、データを収集するために時間と労力と資金を使う。医療の進化と成果への長い道のりは、はるか先まで続いている。生きている者に対して行われる実験に代わるものはまだ存在せず、私たちがこうした研究に関連する倫理上の問題をすべて解決できる日も来ないだろう。

人体に対する臨床試験は、必要となる治療に付随することが多い。疾患をもつ患者は、それぞれの状態に対処するために使用される承認済みの薬品および治療法に加えて、代替的な実験的治療、臨床試験薬、未検査の技法を提案される。たとえば、膝関節置換術を受けることになっている患者は、術後に鎮痛薬試験の参加を依頼されることがあるが、患者が研究プロトコルに参加しようとしまいと手術は行われる。人体に関する研究では、不参加という選択肢が与えられる。いかなる研究であれ、結果に満足できなかった患者や心変わりした者は、いつでも自発的に参加の意志を撤回することができる。

しかし、動物実験ではこうはいかない。健康な動物が実験に使われることが多く、そもそもどこも悪いところがないので、害を与えないことがむずかしい。実験には動物モデルが必須であり、その動物が実験により危害も苦痛も与えられないことを証明する責任は研究者にある。動物は気分が悪いと声をあげることも、不参加を表明することもできない。結果として、動物の健康確保に関する研究者への要求は人体の実験以上に厳格な傾向があり、動物が苦痛を感じる可能性があれば許可はおりない。

私自身、定められたケアの基準に落ち度がないこと、完全に快適であることを保証する動物ケアのプロトコルについて調べたことがある。しかし、動物の麻酔科医が人間の麻酔に精通していないように、私もまた動物の麻酔については詳しくない。心肺バイパス法が肺機能にいかなる影響を及ぼすかを調査する動物実験の研究プロトコルを作成し提出したとき、最初は獣医師および施設の倫理委員会が規定する動物の麻酔基準を満たしていないということで拒否された。私が提案した麻酔計画は、麻酔専門医により認められている人間に対する標準要件より厳格であったにもかかわらず、である。

火曜日の朝、研究センターに向かい、さまざまな可能性について想像しながら、私の専門知識が何かの研究で必要とされているかもしれないと考えてわくわくしていた。

動物処置室に入った瞬間、私はその場で固まった。私の専門知識は、研究上の難問を解決するために必要とされたのではなかった。部屋の中央、実験のために再利用されている旧式の手術台には、一頭のゴリラがみじろぎもせず横たわっていた。大人サイズの手術台のせいでよけいに小さく見える彼女は二歳以下、タビブは目が覚めるほど美しかった。彼女の名前はタビブ。ひどく弱ってはいたが、タビブは目が覚めるほど美しかった。センチ、体重は十数キロといったところか。濃い茶褐色の毛と深い黒色の肌をもっていた。私がベッドに近づくと、二人の世話人が彼女からゆっくりと離れた。おそらく、私の灰色の実験着を見て専門家だと認めたのだろう。見開いたタビブの目は深煎りしたコーヒーの色だが、どんよりとしていて、私の姿を捉えてはいないようだ。

私は心を奪われた。超然とした医師モードに入る前に、愛らしい子犬を見たときのような愛情の高まりを抑えなければならなかった。私は、外科のフェローと世話人の一人（あとで、動物園の獣医であるとわかった）が話す、タビブの病状についての詳しい説明に耳を傾けた。

三日前、週末の緊急治療室の当直だった同僚の麻酔科医アンディ・ロスが、私たちの病院の小児外科医から電話を受けた。もともとその小児外科医が動物園からの電話に対応したのだった。その週の後半、タビブは急性腹症で重い症状を呈していた。人間の場合、急性腹症は激しい症状をともない、短時間のうちに動けないほどの腹痛が起こる。患者は痛みでうずくまり、まっすぐに立っていることができない。ベッドの上で横になっているときも患者は一切の動きを避けようとする。動けば腹腔の内容物が移動して、疼痛反応を引き起こすからだ。

動物園の飼育員がタビブの様子がおかしいことに気づいた。何も食べず、だるそうに動かず、外部との接触を避けている。心配になったタビブの飼育員は、土曜の朝、動物園の獣医に電話をかけた。人間の医療専門家と比べ、動物園の獣医は数百種類の動物――ヘビ、鳥、コビトトガリネズミ、サイ等々――に対応するファミリードクターである。動物園つき獣医の知識は広い範囲に及ぶが、必ずしも深いわけではない。

この獣医は、タビブの病気の重大性を理解し、自分の能力を超える状況であると判断した。彼女は、私たちの病院の小児外科医に連絡した。幼児期の類人猿は生理学的にも解剖学的にも人間の幼児とそれほど変わらないからだ。ゴリラの遺伝子プロファイルは、人間のそれとせいぜい数パーセントの違いである。外科医は、評価のためにタビブをこの研究施設に移送するよう勧めた。そして、急性腹症の診断を確認した。タビブは手術する必要がある。タビブの腹部に感染があるか、腸閉塞を起こしているか、臓器への血流が途絶（虚血）しているかもしれない。

アンディは、試験開腹のために麻酔をかけるよう頼まれた。この手術では、外科医は患者の腹部を開き、臓器を露出して悪いところを判断する。選択が可能な状況においてもむずかしい処置だが、緊急時においては、麻酔と手術の両面でリスクが高まる。

アンディ・ロスが無事にタビブの麻酔をすませ、外科医は、感染が結腸壁の一部に浸食していることを確認した。罹患部は切除され、タビブは予定どおり麻酔から覚めた。

開腹手術を受けた場合、人間の患者は、しっかり飲食ができるようになり、排便があるまで退院することはない。しかし、獣医はタビブと彼女の飼育員の安全を考慮すると、タビブをすぐに動物園に戻すべきだと主張した。ただ、獣医は、手術が患者に及ぼす影響を考慮に入れていなかった。動物園に戻ったタビブの問題は痛みではなかった。痛みについては飼育員が管理でき、実際に対応していた。しかし、腸の手術により腸閉塞が生じた。腸壁筋が収縮して腸の内容物を下流へ送り出す機能が停止し、水分も栄養も吸収されなくなった。

飲まず食わずの状態から連鎖反応が起こり、静脈内輸液を行わなければ脱水症状に陥る。十分な血流量を維持しようとして心拍数が上がるが、やがて心臓の代償機能を超えると血流量が低下し、血圧が下がる。これは、医師が「ショック」と呼ぶ状態で、速やかに対処しなければ致命的となる。

私はケアを行いながらタビブの手を握り、頭をなでた。彼女の腕をつかんでみたら、私の手の平で包めたので、子どもの腕よりも細い。毛はゴワゴワと針金のような触感で、皮膚は厚い。タビブができる唯一の動作は上唇を外側にめくり上げることだけだった。唇の内側は乾いている。これも脱水の兆候だ。私が触れても彼女は手を引っ込めたり、抵抗したりしなかった。よほど病状が重いのだろう。息づかいは、医師がいうところの「苦悶様呼吸」であり、とぎれとぎれの浅く速い呼吸だった。

タビブの鼓動は速かったが、心電図は正常に見えるので、心臓は規則正しくリズムを刻んでいるということだ。これはよい兆候だ。しかし、彼女の心拍数と呼吸から判断して、タビブがショック状態にあり、心停止一歩前であることは間違いない。

麻酔ガスの投与は、吸入したガス（空気と酸素の混合）全体のパーセンテージで測られる。最小肺胞内濃度（ＭＡＣ）とは、吸入麻酔薬により患者の五〇パーセントの疼痛性刺激に対する反応をなくす濃度である。それが、ネズミであろうと、アカオノスリ、オオトカゲ、ゾウ、あるいは人間であろうと、種も大きさも関係なく、化学的昏睡状態に達するために必要な吸入ガスの濃度は、意外にも同じなのである。種と種のあいだの違いよりも、年齢差による違いが大きく、年を取るほど必要とするガスが少なくなる。

しかし、注射で投与する麻酔薬の場合は事情が異なる。種の違いによって、麻酔に必要な薬剤のＩＶ（静脈注射）またはＩＭ（筋肉内投与）の量が変わる。さらに重要なのは、消費される酸素レベルが増えるほど、より多くの薬品が必要となる点だ。体重一ポンドまたは一キロあたりにすると、小型の種は大型の種よりも多量の酸素を消費する傾向があるため、麻酔をかけるときには大型の種よりも小型の種に多くの薬剤が必要となる。人に注射される麻酔薬の体重一ポンドあたりの投与量は、ゾウを殺すかもしれないが、相手がネズミだと、「何かあった？」とでもいうように平然と医師を見つめるだけ、ということになる。

興味深いことに、タビブに麻酔をかけるのは、生後十八カ月の幼児をケアするのとたいして変わりがない。私はタビブの頭部側に麻酔用のスペースを準備した。必要なときにタビブが呼吸できるように酸素を供給できることを確認した。さらに、気道確保の器具――適当なサイズの喉頭鏡と気管内チューブ――を用意し、心臓に活を入れなければならないときのために強心剤のエピネフリンを含む緊急用薬剤をそろえた。

呼吸の状態から、私はタビブに挿管する必要があると判断した。それも今すぐに。彼女の呼吸はいつ止まってもおかしくない。私は注射薬のケタミンを使うことにした。この薬剤は、タビブにとって致命的になりかねない呼吸または血圧の変化を生じさせない。麻酔が効くまで、彼女はほとんどピクリともしなかった。タビブの目が左右に動き（眼球振とう、薬が効いている兆候だ）、酸素を豊富に含む気体で彼女の呼吸が変わらないのを見て、私は彼女の脇に移動して静脈を探った。そこから輸液を補充するのだ。タビブの厚く茶色の皮膚を通して静脈の薄青色を見ることは不可能だったが、彼女の右前腕に若干の膨らみを認めた。

私は、ＩＶカテーテルに手を伸ばした。これは三センチほどの長さの鋭いステンレススチールの針とそれを覆うプラスチック製の外筒から成る器具である。針を静脈に刺し、カテーテルを挿入して静脈内に留置し内針を抜く。ＩＶカテーテルにはさまざまな直径（「ゲージ」と呼ばれる）のものがあり、カテーテルのハブ部分の色でサイズがわかるようになっている。外径が大きくなるほど、輸液の流れが速くなる。私はハブが青色のカテーテル（二二ゲージ）を手に取ると、針を静脈に刺し、カテーテルを挿入し、静脈のなかに入っていく感触を想像した。

正直にいうと、私はビクついていた。タビブは輸液を必要としていた、それも大量の輸液を。二二ゲージのカテーテルは細すぎて、大急ぎで体内に静脈内輸液を投与することはできない。彼女に必要な輸液の量を考慮すると、もっと太い二〇ゲージカテーテル（カラーコードはピンク）が適切だと思うのだが、私はそれを正確に留置できる自信がない。目に見える唯一の静脈に穿刺できるのは一回。失敗するわけにはいかないのだ。ジョン・ヒューズ脚本の映画に出てきた「勝利の女神様、私たちのためにお祈りください」という台詞を心で唱えながら、私はタビブに針を刺した。その皮膚は思っていたよりずっと堅く、針が少したわんだ。私は固い箇所に穿刺するのが相当得意なほうなのだが、今回はこれまで私がカニューレを挿入したなかでも図抜けて手強い静脈だった。私の生涯で何度目かわからないが、またしても私はどれほどのスキルも、大きな運に代わるものはないことを証明した。

こうしてなんとか静脈に針を入れ、カテーテルを滑り込ませ、小さい外径が許容するかぎり速く輸液の投与を開始した。私はタビブの頭部側に戻り、左手でマスクをおさえながら（彼女の顔に一番フィットしそうなマスクを選んだ）、タビブの口を開かせ喉頭を露出して呼吸管を通すために右手で点滴に筋弛緩薬を注入した。薬の効果が出るまで、マスクを使ってタビブの呼吸を助ける必要があった。彼女の突き出したあごと幅広い鼻のために、呼吸マスクをつけるのがよけいにむずかしかった。タビブの口を抵抗なく開くことができたとき、薬が効いていることがわかった。私は彼女の口から気管内チューブを入れて気管まで進め、唇にテープで留めた。人工呼吸器のスイッチを入れ、空気が送り込まれるたびにタビブの胸が上下するのを確認し、呼吸の量と回数に満足できるまで設定を調整した。麻酔ガスも慎重に追加した。

しばらく飲み食いしていなかったので、タビブの血液量は危険なレベルまで低下しており、血糖値と酸素レベルが変動し、電解質（血液中の塩分）が変わった。こうした変化に反応して、彼女の息づかいが早くなり、心臓はより強い力で血液を送り出した。私たちは、できるだけ多くの可変要素を繰り返し測定し、タビブが再び自律できるようになるまで迅速に修正を加えて、異常な状態をすべて正常に戻そうと力を尽くした。

私がかけた麻酔でタビブが静止しているあいだに、外科医たちは彼女の頸部の静脈を露出し、太めのカテーテルをそこから挿入した。今ならば、簡単に血液サンプルを採取し、結果をモニタリングしながら、血液量および血液に含まれる塩分のレベルを正常範囲内に戻すために調整を行うことができる。臨床上の調整をすべて終えた後、新しい血液サンプルを得て、外科のフェローと私はその結果を検討した。時間とともに数値は着実によくなっていたが、タビブが危険を脱したわけではなかった。彼女の状態はまだいつ悪化するとも知れず、容態が急変することも考えられた。

午後遅くにタビブを確認したとき、数値は引き続き回復傾向にあったので、私は車で帰宅した。

その夜、家族と食卓を囲んでいるとき、私は動物が大好きな十一歳の娘に、ちょっとやらなければならないことがあって出かけるんだけど、アニーもいっしょに来てくれるかい、と言った。アニーは動物の看護師さんになるのが夢で、これは一生に一度の大チャンスなのだ。車に乗り街に向かうハイウェーの進入路に入ると、アニーは私を見て、病院に行くんでしょ、と推理を披露した。

「そうだよ」。詳しいことは明かさなかったが、彼女は探りを入れてきた。

「患者さんを見にいくのかな」

「うん」、と私は答えた。

「だれなの?」

「すぐにわかるさ」

車を駐車し、私たちは病院へ向かう道を上がっていった。しかし、病院のロビーのある右へ折れるのではなく、研究センターに向かって左へ折れた。今や、アニーは混乱状態だ。彼女はこれまで医療センターのこちらのエリアに入ったことはなかった。病院では、子どもたちを楽しませるような飾りつけがされている。一方、研究センターのロビーはただの玄関ホールで、廊下は狭いし壁もまるで愛想がない。研究センターの色は華やかさがなく、装飾といえば研究プロジェクトについて説明するポスターだけ。広い間隔をおいて取りつけられた天井の照明が明暗の帯を作っていた。各部屋のドアは中の様子を覗ける明かり取り窓のない一枚板だ。ここは、以前アニーが訪れた病院のような居心地のよい場所ではなかった。

フロア内の部門を分けるアルミニウム枠のガラスドアを開けると、アニーが私に続いた。私たちは狭い階段を上がった。私は最後のドアを開け、一歩下がって、アニーを先に通した。

アニーは、今日の午前中私が経験したのと同じように、動きを止め、目を見開き、しばらくしびれたようになっていた。ショックから冷めると、彼女は処置台の脇まで走っていった。タビブは、上唇のピクッという動きを除き、今も静かに横たわっていた。私は手を伸ばし、人差し指の裏側でタビブの唇の内側をなでた。タビブは私のほうを見たようだったが、あいかわらず唇をとがらしている。私の指の動きが心地よかったようだ。

アニーが、私も触ってもいい？　と聞いた。「いいよ、触ってごらん」

アニーは、タビブの頭に腕を回し、私がやったように人差し指を伸ばしてタビブの唇をさすった。

私のアニーが、ゴリラをなぐさめている、私は感動した。

このすばらしい仕事のおかげで、私は今後どれだけこんな体験ができるのだろうと考えた。これ以上にわくわくすることが起きるのだろうか？　どんな日も思いがけないことに出会う可能性を秘めているけれど、今日はそんな一日だった。私は人間のケアと動物のケアのあいだの川を渡った。タビブがわずかではあるが回復しているのを見ることと、彼女のまわりの人たちが浮かべる表情を見ることのどちらがより特別なのかわからない。しかし、私が一番感動したのは、アニーがタビブを抱きしめこの美しい動物をなぐさめている姿だった。畏怖の念さえ覚えた。なんという喜びだろう。

翌朝、予定されている仕事を始める前にタビブを診ておきたくて、いつもよりだいぶ早起きして家を出た。タビブの採血の結果は脱水症が少しずつではあるが回復に向かっていることを示していた。私はタビブがいる部屋の外で外科のフェローに会い、タビブの治療はかなり成功しているということで意見が一致した。とはいえ、先はまだまだ長い。

動物園の獣医が私たちのほうにやってきた。「いつ治療をやめるべきか、すぐに決めなければなりません。タビブを生かしておくために途方もない費用がかかるのです」。隣には動物園の園長が立っていた。園長が黙りこくっていたのを覚えている。

外科のフェローと私は、同時に口を開いた。私たちから飛び出した言葉、口調、さらには速度までもがほとんどぴったり同じだった。まるでリハーサルでもしていたように。「すみませんが、タビブは今私たちの管理下にあります。彼女は私たちの患者ですので、すべての決定は私たちが下します。治療を切り上げるというオプションはありません」

「しかし、われわれにはその予算がありません」

「それはあなた方の問題ではありません。私たちの問題ですから」

獣医がほっとして笑みを浮かべたのを見た気がする。タビブの健康は彼女たちではなく、私たちの責任になったのだ。

　私たちの専門サービスの費用は請求しない。ボランティアの人たちが看護と呼吸療法を含む他のすべての世話をしてくれた。そして、ありあまるほどの人々が自分の時間を捧げてタビブを二四時間見守った。医師をはじめとする病院側の陣営は、酸素のタンクの費用を除き、タビブのケアのためのスペースや機材についても動物園に請求しない決定を下した。病院は、この並外れた患者について公表しないことを選んだ。動物は無料で治療するのに、不運な貧困者にはそれを提供しないのかという質問に答えたくはなかったのではないかと思われる。もちろん、支払いができないからといって、患者が受け入れを拒否されたことはないのだが。

　翌日と翌々日の夜、アニーは私といっしょに病院に行き、タビブの唇をなでた。そのたび、反応は少し大きくなった。状況が好転するまでに数日かかった。タビブの体調は、カチッとスイッチを入れたかのように急によくなった。金曜の午後、私たちがケアを始めてから四日目、タビブは目を覚ました。私がタビブの口から呼吸管を抜くと、彼女は身体を起こした。タビブは落ち着いていて、興奮もせず、攻撃的な動きも見せなかった。思うに、彼女は自分に起こったあらゆる出来事に当惑していたのだろう。それに麻酔薬の影響も残っていたのかもしれない。彼女は処置台から空いている部屋に移された。ケージには入れず、部屋がケージ代わりだ。家具はすべて取り除かれ、腕を振り回したり、倒れたりしたときに傷つくことがないよう、堅い物や大きな物は部屋から出された。ゆったりできるよう毛布と枕が与えられ、彼女はケガの心配なく動き回ることができた。タビブは水分を摂りはじめ、食べ物にも手を伸ばすようになった。

翌朝電話があり、元気を取り戻したタビブが動物園の類人猿舎での生活を再開したことを知らされた。一カ月後、動物園のはからいで、タビブの治療にかかわったすべての人々が閉園後の夜の動物園ピクニックに招待された。私の家族も全員参加した。忘れられない夜になった。ホッキョクグマの飼育員が私たちのために残ってくれて、エサをあげるところを見せてくれた。空っぽの動物園を歩き回る楽しさは格別だ。夜、園内の小道を歩いていることが不思議に思えた。街の灯りが動物や展示物の都会的な背景となり、星が天上のショーを盛り上げる。

私は、動物園版の両開きの自動ドアを抜けて、類人猿舎の舞台裏へと入った。付き添いはタビブの飼育員だけ。私たちは「関係者以外立入禁止」となっているエリアに歩いていった。そこはゴリラのエサやりと掃除のために飼育員が使用する場所である。今度こそ最後になるだろうが、私はタビブのすぐそばにいた。今回彼女はガラス板を隔てた向こう側に座り、両手の中にある何かに気を取られている。

健康なタビブは以前にも増して美しかった。私が何者で、自分の回復にどんな役割を果たしたのか、彼女が理解している気配はまったくない。人工呼吸器が彼女に代わって呼吸をしているときに、彼女を安心させようと唇をなでたのがだれか思い出した様子もなかったし、そもそもここにいる私に気づいてもいない。そう、タビブが私のことを覚えていないのは、少し寂しかった。しかし、麻酔科医は通常舞台裏の医師であり、ケアを提供した後は忘れ去られる存在である。それに、タビブが自分の家にいて、元気で楽しそうにしているところを見ることで、友を失ったような気持ちが癒やされた。今も、ガラスで仕切られた動物を見るたびに、タビブの思い出がよみがえる。

# 第9章　つきまとうミス

彼女は私が娘の命を救ったと思っていた。私は自分がしくじったと思っていた。彼女の子どもを担当してから何年も経つが、いまだにこのジレンマをすっきり解決することができないでいる。

ある晩、手術部にいた私のポケベルが振動した。ちょうど腕を骨折した患者に麻酔をしようとしていたときだった。ポケベルは私の生活における悩みのタネであり、同時になくてはならないものである。私はいつでも連絡がつく。いいことだ。私はいつでも連絡がつく。やっかいだ。医療の現場において、だれかが私の助力を必要としていると知らせるポケベルを受けるのによいタイミングなどないと私は思う。しかし、悪いタイミングは確実にある。ポケベルのコールバック番号を見ると、麻酔事前スクリーニング部からだった。看護師が、近々行われる手術について質問があって、麻酔科医の考えを聞いておきたかったのだろうと推測した。

その日、私自身がこの種の質問に対応すべき当直医だったのか、あるいはその看護師がその時間に私が病院にいることをたまたま知っていただけだったのか思い出せない。もしかしたら、当直だった私の同僚がポケベルに答えなかったのかもしれない。いずれにしても、私は目の前にいる患者のことで頭がいっぱいだったので、ポケベルをそのまま手術着のベルトケースに戻し、すぐにそのことを忘れた。しばらくして、おそらく三〇分ほど後だっただろうか、私はポケベルのことを思い出し、罪悪感をおぼえて直接話をしなければならないと思った。私はポケベルを鳴らした看護師を見つけ、謝罪し、何の用だったのかと尋ねた。

「鼓膜チューブとヘルニア修復のために十一カ月の乳児が手術予定に入っています。前回予定されていた手術は、その子が肺炎にかかってキャンセルになりました」

「もう治ったのかな?」

「ええ、お母さんによれば」

「小児科医の所見はありますか?」

「はい。その先生は、問題がないと考えています」

「わかりました。スケジュールに入れてください。患者のお母さんに、その子を診察した後、私が手術の予定を変更する可能性があることを伝えておいてください。その患者の麻酔は私が担当します」。これは、過去になんらかの問題が生じた患者についての私の標準的な対応方法である。自分で担当するほうが簡単だし、私の決定で同僚を拘束しないですむ。

私が最終的な決定をして、その責任を引き受けた。その小児科医の診断が正確である可能性は高いし、疑う理由もなかったが、ときには患者の状態が以前の診察時から変化していることもある。子どもたちはウイルスの宿主になりやすく、攻撃をうけやすいのはいつでも夜間である。夕方までは問題もなく健康であっても、朝には新しい病気や要注意事項が発生する。

数週間後、私の心からあのポケベルの記憶は完全に消え、ある日、生後十二カ月となったジルという名前の女児が鼓膜チューブとヘルニア修復のために来院した。母親は九番スペースのベッドでジルを抱いていた。そのとき、私の頭で点と点が線にはなっていなかった。私は、この子が例のポケベルの子で、以前肺炎になった患者であるということに気づかなかった。

それから、この症例とジルは、正道から逸れて哲学的な泥沼へと入っていくことになる。

私の助手である麻酔科研修医が、この手術に関してジルの準備を行った。彼に状態を尋ねたとき、「患者の肺はきれいです」という答えが返ってきた。私はジルの母親と話したが、母親はとくに懸念を口にしなかった。彼女は不安そうな様子だったが、未知の存在（私のことだ）に赤ちゃんを委ねる親によくある緊張だと考えた。

私がジルのカルテを見直したとき、スクリーニング担当看護師とのやりとりを思い出していた可能性もあった。しかし、前回ジルを診た小児科医による身体診察は、すべて問題なしとなっていた。私は研修医に、この幼児の身体診察に関して質問し、彼は「何も問題はありませんでした」と言った。母親と話し、彼女は何も補足しなかった。母親が「この子のこと、よろしくお願いします」と言ったのを確かに聞いた。

泌尿器科とＥＮＴ（耳鼻咽喉科）の手術で主に使用されるこの第十一手術室は、今回の二種類の手術にはぴったりだった。部屋は単に小さいのではなく、極小である。この手術に関しては、鼓膜チューブのための顕微鏡を除けば、機器はすべて基本的なものですむのでこの部屋はちょうどいい。ジルを手術台に座らせ、研修医はジルの頭部側の麻酔基地に立ち、私はジルの左腕のところに立って、これまで何千回もしてきたようにモニターの準備をした。私は子犬のスティッキー（子犬の絵が描かれた粘着性の心電図パッド）をジルの胸につけ、彼女の左手の親指に光るバンドエイド（パルスオキシメーター）を巻きつけた。研修医はジルの顔にマスクをつけ、ガスで麻酔の導入を始めた。

麻酔をかけるあいだジルは上半身を起こした姿勢だったが、その後横にならせた。研修医が点滴を始めるために手術台を回り込んだとき、私は麻酔基地に移動した。点滴の準備が整うと、研修医がジルの頭部の位置に戻れるよう、私はほんの一瞬ジルの顔からマスクを外した。パルスオキシメーターの値が低下した。危険はないが、低下は問題の兆候かもしれない。ジルの血中酸素のレベルが、正常よりも低いのだ。マスクを外したのはほんの数秒だったし、値の低下はひどく速かった。速すぎた。私は、次の手順を進めながら、このことを胸に刻んだ。

通常、鼓膜チューブの挿入は短時間で終わるので、麻酔時にフェイスマスクを使用するだけで、補助装置をつけずに患者が自発呼吸することができる。しかし、この後ヘルニアの修復も控えているので、私はＬＭＡ（ラリンジアルマスク）を使用することにして、このプラスチック製の気道確保のための器具をジルの口から挿入した。フェイスマスクだと片手をふさがれてしまうが、今回のような場合、ＬＭＡを使えば両手が自由になる。ＬＭＡを固定するためにジルからマスクを外すと、パルスオキシメーターのビープ音のトーンがまた下がり、正常な酸素レベルが維持されていないことを警告した。何か深刻な問題があるのかもしれない。

私が使用するモニターのなかで、パルスオキシメーターは注意を喚起する指揮官の役割を果たす。指先に巻きつけるこの光るバンドエイドは、発光部と受光部をもつ使い捨てのセンサーで、伸縮性のテープで固定する（大人は、再利用可能な大きめのクリップで指を挟む）。患者の指に無痛の赤色光があてられ、皮膚と組織を通して反対側の受光部が光を受け取る。赤い光は実際には赤色光と赤外光の二種類の光から構成されている。

血液中の酸素を運ぶヘモグロビンは、それが酸素を含んでいるかいないかで、光の吸収方法が変わる。酸素と結合したヘモグロビンは赤外光の波長を吸収するが、酸素を含まないヘモグロビンは赤色光を吸収する。モニターには、酸素を豊富に含むヘモグロビンの割合に基づく数値が表示される。健康な人であれば、パルスオキシメーターの測定値は九五パーセントかそれ以上になる。一〇〇パーセントの場合、ヘモグロビンに酸素が存分に含まれているということであり、私は安心していられる。モニターは信号強度の記録も表示し、酸素飽和度が低下するとビープ音のピッチが下がる。

ビープ音のピッチは注意喚起に大いに役立つ。たった一パーセント酸素飽和度が低下しても、ピッチにそれとわかる変化があり、音が聞こえる範囲にいる人は全員モニターのほうを振り返る。

モニター上のグラフの山と谷は、患者の状態と必ずしも相関性はない。さまざまな外部変数が影響するからだ。モニターの数値も、やはり当てにならないことがある。数値に揺れがあるとき、すべての視線がモニターに向けられることが、かなりの頻度で起こる。私は、研修医が患者ではなくモニターばかり見つめるのをやめさせるために画面にタオルをかけることがよくある。たまに説教もする。「一日中モニターを見つめる人を、君は何と呼ぶ？　統計学者だよね。患者を見守る人を、君は何と呼ぶ？　それが臨床医だよ。さて、君はどちらになりたいんだい？　モニターを見つめるためにメディカルスクールに行く必要はないよ」

もっとも、パルスオキシメーターが人の目よりもずっと確かなのは本当だ。私は何十年も麻酔下にいる患者の肌の色を見てきた。パルスオキシメーターと自分の判断を比較した場合、私はパルスオキシメーターの測定値が八七パーセントになるまで酸素飽和度の低下を見きわめることができない。しかし、だからといってこのモニターが医療の成果を劇的に向上すると考えるのは間違っていると思う。これまでのところ、パルスオキシメーターが結果を改善するうえで効果的だとは証明されていない。

それでも、パルスオキシメーターのおかげで、私はジルの問題に目を向け、結果的に命を救うことになる診断を下すことができた。

パルスオキシメーターのビープ音のトーンを聞いているとき、ジルが、相談を受けたことのある以前肺炎を発症したという幼児であることに突然思い当たった。このことを忘れていたなんて、私はどこまでばか者なんだと自分を呪うしかなかった。

健康な幼児がいきなり肺炎にかかることはない。私は、トレーニング中の研修医に、幼児の喘鳴《ぜんめい》と肺炎は原因になっているもっと大きな問題の兆候であると、数え切れない回数教えてきた。先天性心疾患の麻酔が私の専門であるが、この症状の場合、心臓の欠陥が原因の可能性がもっとも高い。ジルは、診断されていない心疾患をもっていると思われる。そもそも肺炎の問題を突き詰めなかったことが、私の最初のミスだった。私は盲目的に小児科医の判断を信じてしまった。手術の前に、自らジルの肺の音を聴かなかったことが私の二番目の失敗だ。信頼せよ、ただし確認を怠るな。

私は聴診器に手を伸ばした。肺の異常音を聴く可能性が高いだろう。炎症により壁が厚くなった肺胞（空気中の酸素を血液と交換する末端の小さな袋）に空気が入るプツプツという小さな音が聞こえると予想した。これは、発育不全の心臓から大量の血流が肺に入り、肺胞に過剰な液体が貯留しているときの音だ。「ラッセル音（水泡音）」と呼ばれるこの音は、押し寄せる空気で肺胞が開くときに聴取される。あるいは、気道壁の筋肉が固くなったために気道が狭窄していると、空気が肺を出るときのウィーズ音が聞こえるかもしれない。ウィーズ音は喘息を示唆する。

耳鼻咽喉外科医が鼓膜チューブの留置を終えると、脇へよけて、小さなジルの胸を聴診できるように場所をゆずってくれた。彼女の呼吸音は私の予想とは違っていた。私は異常な呼吸音を聞かなかった。それどころか左胸のどこからも呼吸音が聞こえないのだ。何かが左の肺に空気が入るのを遮っているか、何かが胸壁から私の聴診器に伝わる音を通せんぼしていた。診断されていなかった心疾患の疑いはもうない。あれば、両肺に影響するはずだ。すべての答えはジルの左肺にある。

手術室のスタッフに、手術後回復室でX線を撮りたいと言った。耳鼻科と泌尿器科の担当外科医が私を見た。

「ここに何かあるんだ」、私は断言した。手術室の残りのスタッフはただ目を見開いていた。通常、私が患者に投与するガスの酸素含有量は、部屋の空気の二倍はある。ジルが吸う酸素をたっぷり含んだガスでヘモグロビンが飽和され、彼女の手術中のパルスオキシメーター値は正常値を維持していた。今、手術の途中で、すでに取りかかっている処置を中止することはむしろ逆効果に思えた。唯一の選択肢は予定どおりに進めることだけだ。

前回、ジルのヘルニアは修復されなかった。手術前の身体診察で小児科医がウィーズ音を聴いたからである。ジルの健康を最大限良好な状態にすることを優先し、前回の手術は延期された。

一方、今回のヘルニア修復手術は順調に進んだが、最後の検査ですでに私が知っていたことが確認された。ジルの肺は正常な酸素量を含む血液で満たされてはいなかった。

回復室で、私がオーダーしたX線写真が撮影された。結果が出る前に、ジルの母親が回復室の娘に会いに来たので彼女と話をした。

「私が胸部X線をオーダーしました。手術中大きな問題は何もありませんでしたが、ジルの酸素レベルが予想より急激に下がったんです。以前の肺炎と関係することかもしれないし、念のため確認したいと思いまして」

「ありがとうございます！」。母親は勢い込んで言った。「先生は、私の言うことに耳を傾けてくださるのですね。娘はどこかおかしいと、会う人ごとに言っていたんです。でも、だれも何もしてくれませんでした」

「そうですか。私がお話を聞きますよ。もうすぐ検査結果が出ます。何かわかるでしょう」

なるほど、物語はよくあるパターンで展開していたのだ。ジルの母親の「だれも話を聞いてくれなかった」という主張に私は驚かなかった。小児科の診療所の仕事の大部分は、元気な子どもの健康診断、鼻水や風邪の治療、予防接種である。それに、何かがおかしいと思った母親の洞察力にも驚かなかった。

むしろこの時点まで自分がいかに不注意であったかに驚いていた。母親がどこかおかしいと言えば、そうでないと証明されるまで、それは真実なのだ。これは、ずっと前に私が学んだことではなかったか。それなのに、これほど多くのことを見逃していたとは。すべてのサインと兆候はそこにあったのに、私は本筋を見ていなかった。私の求知心は手術室でようやく沸き起こったが、私の基準からすれば、それでは遅すぎたのである。

X線の結果が出たとき、私は呆然とそれを見つめた。確かに何かがおかしかったのだ。ただしそれは私が予想したものではなかった。肺炎はなかった。ジルの胸は、前面像の中心の右側にバスケットボールがあるように見えた。それはX線写真のその部分を占めているはずの変形した心臓ではなかった。放射線科医の所見はこうだ。「胸部X線の結果「隆起」が認められる」

その後、さらに決定的なX線写真が手に入ると、あわただしい動きが起こった。ジルは外来患者として手術を受けたが、入院することになり、すぐに集中治療室に移された。血液検査で、ジルが非常に重篤であることが確認された。ジルはガンだった。

その晩遅く血栓でジルの腹部が膨れたとき、根っこの問題が正体を現した。ジルの血小板——血液を固める重要な血液成分——は著しく減少しており、ヘルニア修復のための切開でついに大量出血を招くことになった。

私は退院後のジルを知らなかった。言い換えると、私は彼女が治療を受け、よくなっていることは知っていたが、その後会うことはなかった。

一年半後、手術部の入口で同僚医師と立ち話をしていたとき、私はホールの反対側にいる女性に気づいた。その女性は、気まずくなるくらい長いこと私を見つめている。やがて彼女は背を向けてどこかに消えたが、すぐに見覚えのあるベビーカーを押す少女の後について戻ってきた。私がその女性がだれかを思い出す前に、娘と思われる少女に彼女がこう言うのが聞こえた。「妹のジルの命を救ってくれたのはあの先生よ」と。たいていの人はこのような賞賛の言葉を言われれば誇らしく思うだろうが、私は素直に喜べなかった。ただ、重要なことはジルがガンの治療を終えたという事実だった。彼女は治癒し、すばらしく健康そうに見えた。

私がすべての点を結びつけていたら、すべてのヒントから正しい見解を導き出せていたら、逆にジルは死んでいたかもしれないのだろうか？　そのことが、当時からずっと私が抱いているジレンマである。人の言葉を信頼して、検証することなく、私は診断（左胸の呼吸音が聞こえないというおおよその診断ではあるが）をつける前にジルを手術室に送り出した。麻酔前室でジルの呼吸音を自分で聴いて、研修医の検査を確認していれば、私は手術のキャンセルを提案しただろう。その場合ジルは小児科医に戻されていたろう。彼もかつて点を線にできず、打ちひしがれた母親の声を聞き損ねた。

診断の誤りは、小児科医の立場では大きなミスとは言えない。統計的に見て、今後彼がこのような症例に遭遇する確率はほぼゼロだろう。ジルは間に合うタイミングで治療を受けられなかったかもしれない。つまりは、私が最大限の勤勉さを発揮しなかったことにより、偶然私は彼女の命を救ったのである。その現実が、当時からずっと私を落ち着かない気持ちにさせていた。私の物語は結末がないままで、私のジレンマは解決されない。「スキル」対「運」についての格言に話を戻すと、結果がよければ、最善と言えない手段も正当化されるのか？

ちなみに、パルスオキシメーターの濃度は、ジルの病気発見のきっかけとなったバイタルサインを提供してくれた。私のケアのもとで、ジルが青くなることはなかった。彼女のピンク色の肌がチアノーゼ〔訳注：青紫色への変色〕を起こすほど酸素濃度は低くなかったのだ。観察していたかぎり、ジルの顔色は変わらなかった。しかしモニターのトーンは変化して、私に疑念を生じさせ、原因を突き止めなければと思わせた。こうしたことを考え合わせると、私が命を救ったと主張することは、少々厚かましいと感じる。私は救わなかった。私は、治癒のスピードを速めただけだ。

私のキャリアにおける偉大なる師であるフランク・セレニーは、彼の主催するプログラムに麻酔科フェローとして私を受け入れ、教育し、最終的に雇ってくれた麻酔科部長である。私が麻酔科医になってまもないある日、彼は私を脇へ呼んで、私が自分の能力の限界を理解できるようになるまでに一万人の患者を扱う必要があるだろうと言った。大統領首席補佐官だったドナルド・ラムズフェルドがかつてこんなことを言っていた。知っていることを知っている者、知らないことを知っている者、さらには知らないことを知らない者がいる。フランクは無知の者が無知であることを認め、限界を知ることの価値を私に教えてくれた。

専門技能への次のステップは、欠点を批判のタネにせず、変化の動機とすべきだと理解することだ。私はキャリア半ばでこれを悟った。この啓示は、心を開き、常に向上を目指すように私を駆り立てた。ミスを認めたからといって、常に能力のなさを露呈するわけではない。ノーベル賞を受賞した物理学者のニールス・ボーアは、こう言っている。「専門家とは、きわめて狭い分野で、あらゆるミスを犯した者である」。私は、すべてのミスを犯し、さらに一つのミスをした。

私のキャリアの初期に犯したミスのことはまざまざと記憶に残っているが、それは患者に害を与えたからではなく、私のエゴが傷ついたからである。その日私は、道を究めた達人、つまり最高に有能で手順についてだれよりも几帳面な指導医と手術に入った。執刀医のケーシー・ファーリットもまた私のキャリアにおける伝説的人物である。手術が終わり、私が、手術中患者の呼吸を補助していた人工呼吸器のスイッチを切った瞬間、患者が驚くほど大きく息を吸った。これが起こったのはほんの一瞬のことだったが、上部をかたくしばられたビニール袋から息を吸い込もうとしたような感じだった。息をするためにあらんかぎりのエネルギーを使い果たすと、彼の胸がへこんだ。彼の胸の内側に強い陰圧がかかって肺が傷つき、肺水腫を発症したのだ。患者が麻酔から覚めると、私は肺の損傷に気づかず気管内チューブを抜去した。すると、泡沫状の赤みがかった液体が彼の口からあふれた。

私が彼の肺水腫の原因を作ったと悟ったとき、心臓が縮み上がった。肺から液体がもれているのだ。彼の酸素飽和度が下がりはじめたため、気管内チューブを再挿管して、陽圧換気を行い、肺に陽圧をかけ液体の滲出を止める必要があった。指導医は私を見ただけだったが、突き刺すような痛みを感じた。私の手技、あるいは手技の欠如は、患者を傷つけた。ケーシーはほとんど何も言わなかった。患者は集中治療室に移され、私は家族と初めての非常に困難な話し合いに臨んだ。数時間後、私の患者は目を覚まし、元気を取り戻していた。しかしそのとき、私にとってもっとも大切な三人の人、患者、指導医、そしてケーシーを失望させてしまった。

重症患者の手術が成功した後、私はあふれるほどのプライドを感じる。すべての手術が成功するとはかぎらないのも事実だ。救えなかった患者は永遠に私の記憶の中にいつづけ、それは私が負うべき重荷である。

私はこれまでに二回医療過誤で訴えられ、私はどちらにも憤りをおぼえた。両手術において私は命を救おうとしているチームの一員で、いずれの裁判でも私はまもなく訴訟対象から除外された。しかし、訴えがあったことだけで十分に私は傷つき、証拠がないにもかかわらず、私が実施権限等を申請するときには文書に二件の事件について記載する義務がある。

これらの医療過誤の申し立てよりもずっと後味が悪く、もっとつらかったのは、スペンサーの事故だった。スペンサーには、先天性の欠損が何カ所かあり、彼の頭から腰までの複数の部分に異なる外科手術が必要だった。手術の早い段階で、上部の閉塞を迂回するため頸部から気管を切開してチューブを挿入し、外科手術により気道が確保されるまで、そのまま留置した。

その後気管切開チューブを抜くことになり、私は苦労しながらも、臨機応変なテクニックを使って呼吸管を挿入した。手術は予定どおりに終わり、私は呼吸管を残したままスペンサーを集中治療室に移した。私は、彼の呼吸に影響する薬品が身体から完全に抜けるまで呼吸管をそのままにしておくつもりだったので、管を抜く前に私に連絡するようスタッフに指示をしてその場を離れた。

翌朝、私が麻酔管理のために手術室にいるとき、私に知らされずにスペンサーの気管内チューブは抜去された。スペンサーは死んだ。私が何十メートルも離れたところにいたとき、スペンサーは死んだ。だれも私がするようには彼の気道を管理できなかった。私は、熱心すぎる医師がチューブを抜き取ることを防ぐために十分なだけの明確かつ徹底的な指示を出せなかったのだ。個人的な信念により、スペンサーの家族は訴訟を起こさなかった。

失敗の痛みは患者が去ってからもいつまでも消えないことがある。

麻酔は医原的行為であるという事実——私は治療者ではない——は、合併症を別の次元、つまりさらに深い罪悪感へと押し上げる。私が経験した最悪の合併症は、いわば私の手の延長線上で起こった。

頭部に変形があれば当人にとって非常につらいだけでなく、周囲の人もそれに気づく。外科医は変形した頭蓋骨を矯正するためにあらゆる手を尽くしてきた。しかし完全に望む結果を得られたわけではない。私がカーターを担当するずっと前に、彼は手術と治療を受け、その結果彼には「穴」が残った。奥にある脳が見えていて傷を負うおそれがある。その場所が攻撃されれば、堅い頭蓋骨で防御できない。長時間にわたる手術中頭蓋骨がむき出しになっていたために、カーターの体温が下がっていた。私の助手をしていた研修医は低体温のことをしきりと心配していた。私は彼に、手術が終わるころまでには彼の低体温を正常値に戻すので大丈夫だとはっきり伝えた。ところが彼は、私に相談せずにカーターの皮膚に温湿布をあててしまった。外科用ドレープをとったとき、皮膚のその部分が火傷して、硬くなっていた。

私は大声で叫びたい気分だった。研修医の行為はまったく愚かしい。温湿布をあてたのは彼だが、すべての責任を負い、非難を受けるのは私だ。だから私は叫ばなかった。大声はあげずに、「くそっ！」「くそっ！」「くそっ！」と毒づいた。家族に事実を伝える時間は、新種の罰ゲームのようだった。

しかし、カーターの家族の反応は意外にも控えめで思いやりに満ちていた。カーターも家族も医療ミスで私を訴えることはしないと言った。その代わりに、彼が頭部のフォローアップ手術で病院に戻ってきたとき、美容外科医が彼の熱傷を治療した。家族の希望で私はその後何回かカーターのケアを担当した。三回目か四回目の手術の後、私は家族の人に尋ねた。「どうしていつも私に依頼してくださるんですか？　息子さんの火傷は、私にとって最悪の合併症だったのに」

返ってきた答えを聞いたとき一瞬ぽかんとしたが、すぐに腑に落ちた。「簡単なことです。彼が手術に入るたびに、私は彼に守護天使がついていることを知っているのですから」

確かにそのとおりかもしれない。

# 第10章　待たされる側になると

「がんばれ」

私の愛情を表現する的確な言葉を探す時間はたっぷりあったにもかかわらず、そしてこうした状況でのありあまるほどの経験にもかかわらず、私の心は凍りついていた。その瞬間、別れのとき、私が気力をふるいおこして言えたのはこの一言だけだった。もっとふさわしい言葉があったろうか？

私は息子のジェイソンを他人に委ねた。彼らは私から息子を引き離した。別れのとき、私の心を駆け巡った思いを今もはっきり覚えている。その子が三歳であろうと三〇歳であろうと（私の息子のように）、あるいはもっと年上であろうと、わが子が手術を受けるというときに親が感じる不安は軽くならない。額にキスをして、腕を回してギュッと肩を抱きしめてから、短い一言を告げると、息子はカートを押されて去っていった。

ジェイソンに「幸運を祈る」と言いかけたが、いやいや、それはないな、と思い直した。自分が患者を手術室に連れていくときのことを思い出したのである。別れるとき患者に「幸運を祈る」と声をかける家族に対して、麻酔科医としての私はいつもこう切り返すのだ。「運はスポーツや賭け事に必要なものです。ここはスキルの世界ですよ」。手術において、運は頼りにすべき相手ではない。

ジェイソンが横たわるカートの後部は若干上がっていて、彼が廊下を去っていくとき、彼の肩が両側にはみだし、頭頂部の短い茶色の毛が少し左に傾き、元に戻った。たぶん彼は担当医とおしゃべりしているのだろう。ジェイソンのおおらかな性格は周囲の人を自然と引きつける。この日、この特質が彼から奪われることがないことを私は祈った。カートの上の彼の姿は両開きの自動ドアに近づくにつれて小さくなり、彼が手術部に入ると、ドアは開き、それから閉じた。

私はこのありふれた情景——平均的な一日にアメリカ全土で十五万回繰り返される場面——のなかでいつもとは反対側にいた。配偶者、仲間、パートナー、子ども、友人が、未知の隔離された場所へと向かう愛する者とハグやキスを交わしている。あちら側では、医学上の必要から侵襲的で苦痛をともなう手術を受けられるように、麻酔が患者の感覚を変える（ただし、後に元に戻される）。

長年にわたり私は安全なケアを患者に提供し、同時に侵襲的な手術のあいだ、快適な状態を確保する責任を引き受ける医師としての訓練を積んできた。安全は常に快適さより優先される。麻酔と鎮痛を専門とする私は、いつもは両開きのドアを通ってくる人たちの麻酔管理をするために、手術部のドアの内側で待っている。このドアには黄色の背景に黒い文字で、あるいは白い背景に赤い文字で「関係者以外立ち入り禁止」と書かれたパネルが貼られている。麻酔管理は、短ければ十五分、長いときには十五時間以上かかるが、時間の長短にあまり意味はない。最短の手術が非常にむずかしい症例であり、最長の手術が安全なものかもしれないのだ。いずれにしても、私の麻酔科医としての誓いは、執刀する医師と協力して、家族と別れたときよりも患者をよい状態にして家族の元に返すことである。

しかし、その日の私は、息子と違う側にいた。医師になりたいという彼の夢が危険にさらされている。画像に写る血管の巨大な塊――致命的ではないにしても、生活を一変させる可能性がある――は、脳の運動を司る部分に近い危険な場所に居座り、破裂して彼の手の機能とキャリアを奪うかもしれない。ジェイソンは勇敢にもこの塊を切除することを選んだ。毎日、今日が自分の最後の日になるのだろうかと思いながら生きるのではなく、現実に立ち向かう必要があった。彼は手術を選んだ。

手術前室は私がこれまでに入ったことのある何千という部屋と変わりなく、ジェイソンのカートは部屋の中央に置かれ、両側にはそれぞれ一人が通るのがやっとのスペースがある。三方は薄い壁で囲まれ、残る一面にはガラスの引き戸があり、内側にプライバシーカーテンがひかれている。照明は殺菌灯で、暖かみのない青っぽい色だ。私の息子を含む三人が、この狭い準備室に入っていたが、私は外にいた。信頼の輪の外側に立って戸口から中をのぞき込みながら、完全な無力感に打ちのめされていた。

予定されている麻酔管理の評価に加われず――彼のカルテ、検査結果、同意書のチェックはやらせてもらえない――、私は周囲のあわただしい動きをかわしながら、ガラス戸の外のホールにたたずんでいた。受付係が付き添って患者と家族を割り当てられたスペースに連れていき、看護師が患者、チェックリストなどの準備をすませた。医師は身体診察を行い、同意書を取得し、その後の手順のためにカルテに所見を記入している。準備室にいるジェイソンは周囲の騒ぎを気にもしていないように見えた。おそらく、彼はすでに心を決めたので落ち着いているのだろう。彼の責任はすでに果たされ、次は麻酔科医と外科医の出番だ。

麻酔前エリアでは人々がひしめきあい、話は筒抜けである。とくに朝一番に予定されている手術が始まる前の早朝はそうだ。カーテンがあろうがなかろうが、プライバシーは存在しない。全員がすべてを聞く。私は、スタッフの一人でも、医療チームのメンバーでもなく、入場を禁止された他の人々とともに外に立たされ、息子がよく知らない人に連れていかれるのを見つめていた。

私自身、麻酔を受けた経験がある。

それは、毎年感謝祭の朝に行われていた友人や同僚との友好を深めるノンコンタクトサッカー試合、名づけて「ターキー・ボウル」での出来事だった。テストステロンの急増、敵チームの大男との激突、そして凍った地面の後、キャリア半ばの麻酔科医は、麻酔を受ける毎年四千万人の一人となった。私は、医者が患者になるという役割の逆転が医療の現場において意味をもつだろうと期待した。しかし、そうはいかなかった。

驚いたことに、外科医、放射線科医、麻酔科医を含む同僚たちが、フェンスの向こう側に私を立たせ、反対側から引っ張って私の腕を元の場所に戻してみたいと言う。彼らは、脱臼した肩をそうやって治しているのをテレビで見たのだ。

「おまえら、バカなの？」

彼らは返事の代わりに肩をすくめた。

そして私は患者として麻酔前エリアにいた。担当の麻酔科医は知り合いというだけでなく、私自身が彼を教育したので、彼が確かなスキルをもっていることがわかっていた。差し向かいで過ごす三分間が五分間となったが、そのあいだ有益な情報交換が行われたわけではなく、私たちはただ無駄話をした。

少なくとも可能なかぎりにおいて、自分自身にしないことを他人にはしないという信念をもつ者として、私は自ら点滴の針を刺した。円滑かつ迅速が私のモットーである。私は、患者がビクッとする前に「終わりましたよ」と告げることにかなりこだわっていた。もっとも、あるテクニックを使うと不快感を軽減できる。それは、炭酸飲料の缶を開けたときのシュッという音をまねる技だ。J-Tipは、生理食塩水と少量の局所麻酔で満たされた小さな注射器である。二酸化炭素の高圧ガスが炭酸飲料の缶を開けたときと同じ音を立てる。針はないがレバーを押すことで、痛みを与えずに、皮膚に圧縮ガスで混合液を噴射する。疑り深い患者を安心させるために、自分にこの無針注射をやってみせることもある。鉛筆についている消しゴムほどの痕が痛みを阻止する（このテクニックに関する私の不満は、もっと円滑で迅速に麻酔を導入するアプローチがあるのに、効率性の低い方法を採るよう患者に勧めなくてはならないことである）。無針注射の後、点滴の注射針は痛くなくなる。

点滴が入り、私はラインにモルヒネが送り出されるのを見てこう思った。こいつは強烈な薬だ。各種の薬品を簡単に手に入れられることから、麻酔科医は薬物の乱用においても専門家の道をリードしている。麻薬にとりつかれている者たちは、「もし眉間に銃弾が飛んでくるのが見えたら、麻薬をひっつかむんだ。不安なんて吹っ飛ぶぜ」などと言う。私は恍惚感がやってくるものと予想していた。しかし、何も感じなかった。

外科医は「今日は帰宅できませんよ。痛みがひどいはずだから」と言った。

私は逆らわなかった。不快感があるものと覚悟した。問題は、鎮痛のために患者管理無痛法（PCA）を使用するかどうかだ。私の治療は外来手術として分類されるため、二四時間以上病院にいることはできなかった。滞在が延びれば、外来患者ではなく入院患者扱いとなり、保険が適用されず数千ドルの費用を支払わなければならない。ＰＣＡの効果が長く続きすぎると、退院が遅れるおそれがあった。この規定があったので、ＰＣＡは利用しないことにした。手術から四時間後、私はナースコールボタンを押して鎮痛剤を要求し、錠剤を与えられた。必要に応じて静脈内投薬で痛みを取ってもらえるものと思っていたのに。ちくしょう、自宅にいれば、錠剤をもらうよりも効果の高い薬品を自分で投与できたはずだ。

整形外科の研修医が私の病室の戸口から頭をのぞかせ（この件で私と話し合いたくないのだろう）尋ねた。

「ジェイ先生、何かご用ですか？」

「二時間おきにモルヒネ四mgと今すぐトラドール三〇mgの点滴を頼む」

そう、へまをしたのは私だ。私は、手術の前に術後の疼痛緩和について麻酔科医と話しておくという、私がふだんしている助言にしたがわなかったのだ。

私はモルヒネとトラドールを手に入れたが、翌朝日が昇ると担当外科医が私の病室を訪れ、こう言い放った。

「オーケー、オーケー。わがままは言わないでくれ。あなたは昨晩帰宅することだってできたのだし、私はこれ以上聞きたくない」

整形外科の研修医か看護師が彼に何を言ったのか見当がつかない。私は礼儀正しく振る舞ったつもりだったんだが。

手術に入る前、私は術後の鎮痛薬の選択肢を承知していた。第一の選択肢として、部分麻酔（腕につながる神経に向け首の付け根に注射する局部麻酔）が効果的だっただろう。しかし、私は読み違えていた。痛みはそれほど激しいものではなかったのだが、それにしても、私だったらもっとうまく処置できたはずだ。第二の選択肢、麻薬は、即座に痛みを取り除いた。付随する鎮静効果は、必ずしもありがたくない副作用だが、私はそれが眠りにつく助けになると考えた。肩の痛みがあると、どんな寝方をしても落ち着かない。点滴により、麻薬は速やかに効果を生じ、痛みが抑えられたら、飲み薬に変えることができた。

息子の手術のときに私が経験した役割の交換は、私が自ら患者になった経験よりもひどかった。こちらは自分の身体や命ではないからだ。その身体や命は、手術を受ける家族に属している。ごくごく近しい者の手を離すことは、自分自身がナイフに屈するよりもつらい。状況を掌握できない、あるいはなんらかの助けになることさえできないことに私は苛立ち、私がもっている知識が事態をもっと悪くしていた。外から見れば穏やかに見えただろうが、私の内心では火花が散っていた。

患者は担当の内科医や外科医を選ぶが、麻酔科医を選ぶ人はめったにいない。ジェイソンは自分の麻酔科医を指名しなかった。私もだ。ただ、依頼はしなかったが、私は彼の麻酔科医のことは同僚として知っており、また彼が脳神経外科麻酔を専門としていることから意図的に選ばれたことも承知していた。

ドアが閉じられた手術部の外側に残され、手が届かず姿の見えないところにジェイソンを連れていかれて、気持ちが沈んだ。私の魂は二つに裂け、父親の半分は「座って、祈りながら待つ時間だ」と囁き、麻酔科医の半分はわが子を放っておくこの状況をまるで納得できずにいた。

私はいつも患者の家族に、手術中待合室で待たないよう助言している。心配するのは私におまかせください、必要なときには私たちがみなさんを探しますから、と彼らに言う。ところが、私は自分自身の助言にしたがうことなく、待合室の沈鬱に打ち負かされていた。自らの信条を忘れ、身体が椅子と一体化してしまったかのように感じながら、しきりと貧乏揺すりをしていた。身体を伸ばすために、あるいは一ミリ秒でも、私が椅子から離れれば、連絡を取りたがっている手術室のスタッフが私を見つけられなくなるという思いにとらわれていた。

一度だけコーヒーを飲みに席を外したが、そのときは妻、つまり息子の母親がそこにいて、何か知らせがあれば受けとれるようにしておいた。コーヒーマシンは待合室の正面にあった。カップにコーヒーを満たしながらも、私は常に妻の姿と管理デスク（ここに情報が集まる）を目で追っていた。それでもなお、私が座っていた待合室の椅子を使用中として地図に印をつけた受付係が、その椅子が空いていると思うのではないかという不安を拭えなかった。トイレ休憩はなし。そもそもトイレにいく必要もなかった。心配のあまり腎臓が動かなかったのだろう。

私は待合室にいる他の人たちを観察した。祈禱書を手に不安をあらわにしている人もいれば、座って本やタブレットを読んでいるふりをしている人もいる。数人ずつのグループで座っている人たちのなかには、マラソン並みの持久戦に備えて食べ物を広げている人もいる。病気が縁のピクニックだ。私は隅の椅子に腰かけ、前屈みになって、膝のところで握った自分の両手を見つめていた。

私には両開きのドアの向こうで何が行われているかがわかる。待合室で座り、ジェイソンの手術室の様子を思い描いた。彼がいなくなってからの時間を計算し、今何が行われているか予想した。私は息子の麻酔科医のいる場所に立つ自分を想像、または切望した。決定を下す立場でいたかった。ジェイソンの点滴に薬剤を投与する役割を果たしたかった。彼のバイタルサインを管理したかった。外科医が露出した血管が、息子の心臓、血圧、血流の活力を示して、鼓動のたびに跳ねるところを見ていたかった。

私は術野の血の色をチェックする自分を見た。明るくて赤い。酸素をたっぷり含んでいる。よい兆候だ。想像の中の私は振り返って、先ほど術野から評価したすべての要素を示すスクリーン上の数値やさまざまな色の波形を見た。そして、外科医の手を見て、次の動きを予想し、メスの先端を確認すると、行動の準備をする。メスの先が沈んだとき、目に見えない組織が切り裂かれ、合併症がおこるかもしれない。私はどんな問題が起こっても対応できるよう準備する。

待合室の心は、あらゆる方向へと続く思考の道をあてどなくさまよう。いつの間にか私は、自分の人生をカウントダウンしていた。そして、ずっと昔、医者になることを夢見ていたころに戻った。労働者階級の家庭で育った私の子ども時代の医療とのかかわりといえば、医者に注射をしないでとせがんだ思い出くらいしかない。医学を志すようになると、私はこの同じ男性に、お金がないのでメディカルスクールの身体検査を割引価格で受けさせて欲しいと頼んだ。そのときの私は、自分の前途に何が待っているか想像もできなかった。

手術部では数々のすばらしいスキルを目にしてきたし、奇跡も数回経験した。しかし、今日この日、私の知識も経験もまったく役に立たなかった。あのドアの向こうに行き、息子の世話をしたいと熱望した。この部屋にいる他の全員と同じく、私は息子の帰還を待ちわびていた。

七時間が過ぎ、ジェイソンの外科医がぶらぶらと待合室に入ってきた。よいサインだ。手術は成功したんだ。「私たちの仕事は終えましたが」と彼は言った。「完了まではあと一時間ほどかかります」。外科医の意味するところは、彼が自分の担当部分、つまり血管異常の切除という複雑な作業を終えたということだ。この後、息子の頭蓋骨の穴を閉じ、頭皮を縫合する仕事は、若手の外科医、フェロー、研修医に託された。私は安堵して大きく息をつき、外科医に礼を言った。

実際に息子に会えるまでには長い時間がかかった。事務手続きの関係で、ジェイソンが手術室から移送されるのが遅れたのだ。太陽が西の空に傾いても、彼の病室はまだ準備が整っていなかった。私の不安をぬぐおうと、麻酔科医の同僚がメールでジェイソンの写真を送ってくれた。手術室のジェイソンはすっかり目を覚まし、親指をグイと上げていた。

彼は、私のもとに戻ってきた。

# 第11章　折り鶴

痛みは医学の孤児である。痛みは従来、病気やけがの結果であって、それ自体が疾患ではなく、身体の臓器または部分に特化してもいないと考えられていたため、差し迫った目標や重要な責任――痛みを取り除くという責任――として認識された専門分野は存在しなかった。ニーチェの「私たちを殺さないものは、私たちを強くする」という言葉など、世の中には「男らしさ」に関する言葉が少し多すぎるように思われる。

鎮痛のルーツは、五千年以上前にシュメール人が「喜びの植物」を発見したとき、意識の変化を通じて得られる快感を求めたことに端を発する。ケシの鞘から採取されるアヘン（同時代の麻薬であるモルヒネおよびヘロインの祖）は、チグリス川とユーフラテス川に挟まれた肥沃な三日月地域（シュメール地方、現在のイラク）で初めて分離され使用された。古代エジプト人は、アヘンを単に快楽を得るための気晴らしとしてではなく、痛みの緩和という明確な目的のためにこれを使用した。西洋で、アヘンをアルコールに侵出させたアヘンチンキが紹介された一六〇〇年代後期まで、新しい鎮痛薬を見つけ出そうとする目立った努力はなされなかった。

鎮痛薬を探し求める動きは、モルヒネの調合により一八〇〇年代に加速した。モルヒネという名前は、眠りを誘う性質を指し、ギリシア神話の夢の神モルペウスに由来する。モルヒネとアスピリン（ヤナギの樹皮から抽出された後発の薬品）は、鎮痛を目的として使用された。その後の研究により、アヘン製剤——アヘン、モルヒネ、ヘロイン、および新しい合成麻薬——が脊髄と脳のミュー受容体とカッパ受容体に作用して痛みを緩和することが明らかになった。ただ、不運にもアヘン製剤が脳内のドーパミンに作用して快感を生むために、麻薬は危険な中毒性を併せもっている。

一八四〇年代の麻酔薬発見により、医学の世界は一変した。覚醒後に鎮痛が必要となるほど侵襲性の高い医療行為が可能になったのだ。麻酔学会はあらゆる状況の下で痛みを軽減する責任を唱えたが、ペインクリニックの概念が生まれるのは、第二次世界大戦後のことだった。ペインクリニックは、現在もなおその規模と範囲を拡大している。

私の麻酔ツール用チェストには、植物から採取されたさまざまな鎮痛薬が入っている。ケシ、コカの葉、樺の樹皮、大麻（抗炎症薬として）、そしてコーヒー（私にとっては、さまざまな臓器に好ましい影響があり、欠点は見当たらない）など。

これらの薬剤や植物はすべて私を教え導き、元気づける豊かな歴史をもっている。工夫して使えば、肉体的な痛みを消失させたり取り除いたりすることができる。ただし、私が遭遇した痛みは必ずしも身体に限られたものではなかった。

痛みからの解放は、すべての場所、すべての状況で、そしてどんなときにも、否定されることのない人権でなければならない。かつての私は、薬品または麻酔の導入に関してこの原則を丸ごと受け入れてはいなかったが、長過ぎるほどの熟成プロセスを経てこの心境に達した。

私は、医師になったはじめの数年間で、専門分野としての麻酔学の一般的な姿勢、つまり、目に見えないものは忘れ去られるという実情を受け入れた。トレーニング時代の私は、麻酔管理から解放された時点で患者と麻酔専門医との関係はなくなると考えていた。痛みを取る責任は、手術や治療によってその苦痛を生じさせた医師や科にあるのだと。

しかし、さまざまな経験を通じて先に述べた原則を強く信じるに至った。私たち医師は、多くの人々を治療できる簡単な方法が十分に活用されていない現状を見落とし、少数の人しか救えない最先端技術を使わなければならないという強迫観念を抱いてしまうことがある。このことを認識するきっかけとなった経験が私を変えた。

麻酔科の指導医として何年か勤め、すでに豊富な知識と経験を備えた医師とみなされていた私は、あるとき中国に招かれ、私の小児麻酔の専門知識を上海と北京の麻酔専門医に伝授することになった。自宅から遠く離れた土地で、主催病院の廊下を歩いていた。私は病室を通りすぎるたびにキョロキョロしながら、抗しがたいほどの好奇心と興味を覚えていた。

そこは驚くほど現代的な病院だった。少なくとも私の想像をはるかに超えていた。廊下は長く、両側にずらりと病室が並ぶ。壁は病院らしく清潔な白で塗られている。そのなかで、ある病室が私の足を止めた。何十羽、あるいは百羽以上の折り鶴が天井から吊され、ベッドの上で揺れていた。折り鶴の下には、髪がまばらになった物憂げな一〇代の子どもが寝ている。口もとが少し荒れている。この少年はたぶん白血病だろう。ガンは、もっと厳密に言えばガンの治療は、その過程で患者のアイデンティティと性別を奪っていく。少年は私が見つめているのに気づき、ほんの少し頭をこちらに向けた。小柄だががっしりした彼の母親は、ベッドの脇に立って、外国人の侵入者を見つめた。彼女の怪訝な表情には苦悩が浮かんでいた。

私は西洋の麻酔学の原理と実践に関してレクチャーすることになっていた。ここに来るまで、中国の医療制度は文化革命により崩壊し、最新医療から数十年の遅れを取り、現在は世界の水準に追いつこうとしているところだという印象をもっていた。しかし、病院の廊下に立ち、苦悩に満ちた一〇代の少年に折り鶴が影を落とすのを見て、私の心は別の方向に向けて開かれた。

この近代的な最先端施設にあって、少年は私の病院が提供しているものとそれほど変わりない治療を受けていると思われる。つまり、ガン細胞の消滅を目的とした混合遮断薬を投与されているのだろう。細胞は通常即座に補われるものだが、薬物療法により毛包および口のまわりの皮膚細胞は同時に失われ、前者は脱毛、後者は痛みをともなう口内炎を生じさせる。髪が失われた少年は、男の子か女の子か見分けがつかない。しかし、彼の苦しみははっきりとわかる。折り鶴は医学と文化の融合を象徴し、この子の未来への希望と祈りを表していた。若い命を救いたいと、数千年におよぶ文化が信じるところにしたがい、薬では実現できない方法を用いて家族が必死の思いで鶴を折ったのだろう。折り鶴の一羽一羽が願いをかなえるチャンスを広げる。

私は、教師である前に東洋的信念のパワーと意義を学ぶべき生徒であると折り鶴を見て気づいた。そして、私が中国の文化と医学についてどれほど無知だったかも自覚した。折り紙といえば日本だと思っていた私だが、実際には何千年も前、医術がガンの治療に取り組む以前に中国で生まれたと知った。紙は豊かさの象徴であり、注意深く折られた鶴は幸運を呼び寄せ、あるいは病気の回復をもたらす。それぞれの鶴の色は、その時々の望みを表すという。

私の文化的知識の幅は広がったが、本当に目が覚める思いをしたのは別の病室での出会いだった。私はある病室に近づいていた。私の基準からすると時代遅れの四人部屋である。使われているベッドは一つだけ。戸口からもっとも遠い隅のベッドで、室外のナースステーションに待機する看護師からもっとも距離が離れた位置に、まだ幼く見える男の子がベッドの上で身をよじっていた。自らを傷つけないよう、彼の手足は四隅で拘束されていた。おそらく前日または前々日、彼は胸壁の変形を修復する手術を受けた。ベッドで身もだえする彼は、どう見ても自らを傷つけようとしているのではなく、耐えがたい苦痛を感じているようだった。手足が縛られている理由がわからず、彼はひたすら癒やしと慰めを求めてもがいていた。

私から見て、問題の所在は明らかだ。この少年には、麻薬を投与して痛みを取ってあげる必要があった。しかし、患者の身になったもっと効き目の高い鎮痛薬の重要性を説明しようという私の試みも、強力な鎮痛により治癒が早まるという主張も聞き流されてしまった。私が会った中国人医師たちは折り鶴と鍼療法（私は針治療により神経の損傷の修復を試みるクリニックに参加した）を受け入れ、侵襲的外科手術も行っている。しかし、疼痛緩和についての私の訴えは彼らの胸に響かなかったようだ。

帰国後、今回の出張のスポンサーが私を夕食に招いてくれた。その夕食会にはさまざまな専門分野の医師が出席し、乾杯の後、ある発表が行われた。それは、この団体が、ある中国人の子どもの心臓欠陥を外科的に修復するための資金集めに成功したという報告だった。どんな心臓の欠陥かと尋ねると、ダウン症に関連する疾患だということだった。私は勇気を振り絞って立ち上がり、一人の患者の治療ではなく、多数の患者の疼痛緩和のために資金を利用してはどうかと提言した。もちろん、この発言にリスクがあることは承知していた。私が説得力のある議論を展開できれば、鎮痛について私の専門知識を活かして社会に恩恵をもたらす機会を得られるだろう。しかし、失敗すれば、今後この団体との関係は断たれる。

私の主張は、倫理的な問題でも、先天性異常に苦しむ人々を治療することでもなかった。数千という私の患者も、遺伝的欠陥や先天性異常に苦しんでいた。こうした疾患をもつ中国の子どもたちも、おそらく、手術や治療により状態が改善されるだろう。しかし、中国においては、このような子どもを社会から排除し、児童養護施設に入れるような文化的背景があると思われる。中国への出張中、私は、ダウン症を含む、明らかな遺伝的症候群の人を、病院または児童養護施設の外では一人も見なかった。マーケット、ショッピングセンター、レストランにも、通りにもいなかった。

中国への旅は、鎮痛への取り組みについて考え直すきっかけを与えてくれた。私は子ども、ましてやダウン症の子どもを邪険に扱うつもりはない。ただ私は、痛みを取ることに加勢したかった。沸き起こった私の情熱は、望ましいケアを提供し、最大多数の利益のために医療予算と尽力を割り当てることへ向けられた。費用や補償に関してほとんど気にかけることなく、米国はすべての人に医療を提供する。苦痛で身をよじる北京の少年の姿が私の頭から離れず、基金寄贈者を説得して、かぎられた資金を一人の治療ではなく多くの人々の利益のために活用することが私の使命となった。痛みを取って欲しいと懇願する少年は、過少治療という中国の全体的な傾向により苦しむ患者の象徴だった。一人の病気の子どもの治療に焦点を絞れば、感動的なシャッターチャンスがあり、資金調達と治療に関わる人々への多数の好意的なマスコミ報道が期待できるかもしれない。しかし、その資金を大勢の中国人医師に安価な鎮痛剤の使用法を教育する費用に振り向けることで、長い目で見れば、中国社会に広くはびこる苦痛を緩和することにつながるはずだった（今日、激しい痛みを治療する平均費用は、薬品一回分あたり一・六七ドルである）。私は一人ではなく多数の人の治療をするよう強く主張した。

私の意見は通らなかった。

それでも私は、多くの麻酔専門医が責任の境界線としてとらえている「治療室のなか」にとどまらない疼痛緩和への取り組み、少なくともあらゆる痛みを抑えようとする試みをあきらめるつもりはなかった。

麻酔科医は、痛みを取ることを第一目標にできるだろう。それに、痛みを知ることはむずかしくなく——「痛みますか？」と聞けばいい——措置も簡単だ。しかし、長いあいだ、他の多くの麻酔専門医と同じように、私は患者が目の前からいなくなると、その患者のことを忘れてしまっていた。

中国で少年が苦しんでいる姿を見たとき、手術前、手術中、手術後における疼痛緩和の重要性についての私の信念は揺るぎないものになった。そもそも私がもっていた鎮痛の概念は、自らの先入観と偏見によって限定されていた。痛み自体が私にとって謎だった。類語辞典には、「痛み」と置き換え可能な語が六〇以上リストされている。しかもこのリストには、同じ文脈で使われる「鈍い」「刺すような」「持続する」「ズキズキする」等々の言葉は含まれない。痛みを定義するむずかしさが、痛みを取り除くという難題をよけいに複雑にする。

研修医に教えるとき、私は「痛覚計」（英語名の dolorimeter の「dolor」は「痛み」または「苦悩」を意味するラテン語）と呼ばれる時代遅れの器具を使う。これを使用する目的は教育効果や患者ケアの向上ではなく、相手の注意を引くことにあったのだが。一九四五年の『タイム』誌に掲載された痛覚計は、手で握って圧力を与え痛みを起こす仕組みの、おかしな形をした歴史に埋もれた器具である。簡単に計測できる揮発性麻酔薬のＭＡＣ（最小肺胞内濃度）とは異なり、痛みはとらえどころがない。現在も痛みの計測についてはあいかわらず患者または医療関係者による主観的な評価に頼っており、当て推量の域を出ないものである。

近年の痛み評価基準は視覚的または数値的に測られる。ＶＡＳ（視覚アナログスケール）とＦＡＣＥＳは、若い患者や言葉を話さない患者の痛みを評価することを目的にしたスケールで、痛みの度合いが円の中に描かれた顔の表情の段階的な変化（笑っている顔から泣いている顔まで）で表現される。ＶＡＳの起源は百年近く前に遡り、現在までに見つかっているもっとも古い文献は一九二三年の論文である。一本の線のスケールでは、左端を「痛みなし」、右端を「耐えがたいほどの痛み」として、痛みがどの程度か印をつける。数値評価スケールでは、〇（痛みなし）から一〇（耐えられないほどの最大の痛み）で痛みをランクづけする。

これらの単純な測定形式に対して、一九八八年、ドナ・ウォンとコニー・ベーカーがタッグを組んで、FACESを考案し発表した。ドナは、あらゆる面で傑出した看護師であり、コニーは入院している子どもと家族の心のケアに従事するチャイルド・ライフ・スペシャリストだった。さてしかし、痛みのスケールについては議論がある。六は、すべての人にとっての六なのか？　患者の痛みに対処するとき、どのランクに対してどんな薬剤をどのくらい投与すればいいのだろう？　私としてはすべての患者のスコアが痛みゼロになるようにしたいが、その目標は非現実的だ。追加の鎮痛薬を使わなければ、だれも顔スケールの二番目または数値スケールの三以上のスコアで回復エリアを出ることはできない。

地球の反対側で、ベッドに縛りつけられ苦痛にあえいでいたあの小さな男の子が私を覚醒させ、どんなところでも、どんなときでも、あらゆる痛みを緩和するための唱道活動に駆り立てた。少年は、自分の姿が私のキャリアに消えることのない影響を与えたことを知らない。

小さな建物にある病院では、同僚医師が偶然顔をあわせることが頻繁にある。病院の廊下は医師にとってちょっとした社交の場だ。どんな日でも、私は一ダース以上の異なる専門分野の医師とすれ違う。「元気？　ところで、こんな患者がいるんだけど……」。「歩道相談」などと呼ばれるこうした情報交換は、医師が特定の患者の特別な問題の対処について他の医師から直接情報や助言を入手できる絶好の機会である。

廊下の会合は、文書も請求も発生しないので、病院の管理部をイライラさせることが多い。しかし、これは病院や診療所での生活の一部なのだ。歩道相談は、医者により早くより簡単に解決策を見つけるチャンスを与えてくれる。しかし、大病院にいると、出会いのチャンスは少なく、まして、活動ごとに大量の文書を要求されるような医療の時代にあっては、こうした会合は通常否定的な見方をされる。

あるとき、駐車場で名前を呼ばれて振り返ると、同僚の脳神経外科医がこちらに歩いてきて、いっしょにいた二人の女性を私に紹介した。同僚によれば、若いほうのスーザンという女性は出身地のカリフォルニア州で数十年前に彼の患者だったそうだ。スーザンは現在近くの病院で看護師をしており、今日はお姉さんに付き添われて彼の診察を受けにきたという。

スーザンは若いときに脳にシャントを留置した。シャントとは、水頭症——文字通り「水浸しの頭」——の治療のための手術である。この疾患は、脊髄に沿って流れ血管に吸収されるはずの脳脊髄液（CSF）が途中で詰まったときなどに起こる。CSFは、脳内で作り出され緩衝剤の役割を果たす液体である。先天性水頭症は、CSFの流れを変える解剖学的異常（脳の発達期に形成される）から生じる。後天性水頭症は、とくに出血をともなう外傷（脳動脈瘤の破裂など）や脳脊髄液の通り道を塞ぐ腫瘍により発現する。

幼児期の水頭症では、頭囲が異常に大きくなることがある。頭蓋骨の隙間が完全に閉じた年齢になると、頭囲は拡大せず、脳内に圧力がかかり、初期症状として頭痛や嘔吐が現れ、治療せずに放置すると死に至ることもある。脳室腹腔（VP）シャントは、脳に貯留した脊髄液を腹部へと迂回させるプラスチック製のチューブである。頭蓋内の圧力（ICP）が高い患者の麻酔はやっかいだ。嘔吐があれば誤嚥性肺炎のリスクが高まり、吸入麻酔で脳への血流が増えて、さらにICPが加わり、脳損傷または死のリスクが大きくなる。

シャント手術から二〇年以上過ぎたが、これまでスーザンはしごく元気に過ごしてきた。しかし、ここへきて頭痛に悩まされるようになり来院したという。スーザンの診察中、脳神経外科医が私のところへやってきた。

「君は、まさに私が求める人だ」と彼は言った。「原因はシャントの不具合ではないんだ」

シャントはわりと詰まりやすく、詰まった場合は手術をやり直す必要がある。しかし、脳神経外科医は、検査の結果シャントが問題なく流れていることが確認され、不具合の可能性は除外された。何か別の要因がスーザンに苦痛をもたらしている。

私はスーザンと姉を麻酔科の会議室に案内した。二人は私の向かい側の長椅子に座った。スーザンの話を聞きながらも、彼女の痛みの激しさが気になった。彼女はときどき顔をしかめていたし、ずっと右目をすがめていた。一番痛い場所はどこですかと尋ねると、スーザンはある場所を指さした。私は前屈みになり、彼女が示した頭の部分を人差し指で軽くたたいた。シャントの道筋が指先で感じられた。チューブが皮膚の下を進み、頭の片側、耳の裏の上方へ続いていた。私がある部分を押すと、スーザンは頭をガクンと後ろへそらした。私の指が稲妻のような痛みを与えたかのようだった。

スーザンには「トリガーポイント」（技術的には筋膜トリガーポイント）が生じていた。これは、「筋硬結」とも呼ばれる。基本的には、小さな筋線維の束が弛緩せずに硬く凝り固まってしまった異常部位で、私が軽く押したときにスーザンを飛び上がらせた刺すような痛みを生じる。このあまり知られていない痛みが原因で毎年数百万人という人々が苦しんでいる。

私はスーザンにこう言った。「えー、まず、この治療は正式な方法で行うことができます。その場合、ペインクリニックの電話番号をお伝えするので、診察の予約を入れれば、クリニックのほうで対応してくれますよ。あるいは、正式手続きをすっ飛ばすこともできます。その場合、今、ここで、私が治療を行います」

一瞬の迷いもなく、スーザンは私に痛みを取って欲しいと懇願した。

アルコール綿で消毒し、裁縫用の縫い針よりも細い針の注射器で痛みの原因となっている筋硬結にほんの少量の局所麻酔を打つ。これで完了だ。

私がコカインの現代的派生版——脳内で快感を呼び覚ます作用はないもの——を注射するや、ただちにスーザンに変化が現れた。彼女の頭皮の緊張がとけ、額のしわが目に見えてなくなった。スーザンは信じられないという表情になり、頬には赤みが差した。痛みが消えると微笑みが広がった。

痛みから解放されたスーザンとお姉さんは帰っていった。場合によっては、一回の注射ではトリガーポイントの鎮痛が果たせず、追加の注射が必要になる。しかし、スーザンは最初の注射の後、二度と痛みを訴えることはなかった。

私は改革運動家ではない。その名誉は、古い薬剤と新しい技術を結びつけ、新しい薬剤と古い技術を結びつけるなどして、痛みを消し去るという目的のために自らのキャリアを捧げてきた同僚や友人たちのものだ。これらの臨床医や研究者は、コンピューターにより調節された配布システムと連結された標準的な麻薬を用いたPCA（患者管理無痛法）の使用を推進した。PCAにより患者は自らの運命の支配者となれる。看護師を呼ぶためにコールボタンを押す必要はもうない。

ＰＣＡシステムは患者にとって大いなる恩恵である。といっても、もちろん看護師を軽視しているわけでない。私は看護師のスキル、献身、思いやりに常々驚嘆しているのだから。しかし、仮に私が二時間おきに一ミリグラムのモルヒネをオーダーした場合、患者は正確にそれを受けることはできないかもしれない。看護師が注射器に一回分の薬剤を吸引し、病室に向かい、注射器から空気を出し、痛みに苦しむ患者に投与する過程で薬剤の一部が失われる可能性がある。加えて、看護師は同様のケアを必要とする複数の患者を担当している。故意ではないし、簡単に改善できるものでもないが、投与の遅れまたは投与量の不足があれば、患者は必要以上に苦しみ、しかもこのサイクルは何度も繰り返される。一方、ＰＣＡでは、患者はやはりボタンを押すが、ナースコールのボタンではなく、コンピューターのボタンを押す。これによって、事前に設定された量の麻薬が患者の点滴に直接かつ即時に送り出される。過剰摂取を防ぐために、指定された時間をおいて指定された投与量の薬品を注入するようにコンピューターがプログラムされている。

鎮痛を得る権利の対価は快楽である。足りないというより、多すぎる快楽だ。麻薬はドーパミンを作働させて快感を生み出し、この方法で快感を生み出すことが最終的には、肉体的および心理的なより強い痛みにつながる。時間とともに、同じ鎮痛効果を達成するために薬品量を増やす必要が出てくるため、薬物乱用や中毒につながってしまうのだ。しかもこれらの薬品は痛みの原因のみを標的とはしていない。麻薬（英語の narcotic と opioid は同じ意味で使われる）は、倦怠感、吐き気、便秘などのありがたくない全身作用も有する。

麻薬中毒の種子はずっと以前に植えつけられていた。十六世紀の医師、フィリップス・アウレオールス・テオフラストゥス・ボンバストゥス・フォン・ホーエンハイムは一世紀の古代ローマの医師ケルススよりも自分のほうが優れていると考え、ケルススを越える（para）という意味でパラケルススと名乗るようになった。一五〇〇年代、パラケルススは、水に溶けないその麻薬がアルコールに溶けることを発見した。彼が「賛美」を意味するラテン語から「laudanum（アヘンチンキ）」と名づけた合成物の初期の成分には、ジャコウ、サフラン、シナモン、チョウジも含まれていた。アヘンチンキは、何世紀ものあいだ、鎮痛の目的で使われた。メアリー・シェリーの『フランケンシュタイン』では睡眠薬として描かれていた。

南北戦争中、旅回りの医師A・W・チェイスは、アヘンチンキの成分を麻薬とアルコールのみに単純化した。ビクトリア朝時代、数十年前のエーテル遊びと同じように、気晴らしでアヘンチンキを使用することがはやった。イギリスでは、ゴッドフリーズ・コーディアル（別名マザーズ・フレンド）、アメリカではミセス・ウィンズローのシロップという名前で、子ども向けにアヘンチンキを含む飲み薬が販売された。管理制度も規制もなかったため、この混合薬には成人に推奨される以上の麻薬が含まれていた。当然ながら、過剰摂取や死亡事例が発生し、ついに一九一四年、処方箋のない者に未登録販売業者が麻薬を販売することを禁じるハリソン法が制定された。

しかし、ブラックマーケットでの麻薬売買が横行しているため、麻薬に関連する死亡事故が今日も多発している。たとえば、ヘロインは製造が簡単で安価であり、都市の特定の区域で買えば、高速道路の出入り口を利用するようにすぐに入手できることから、「ヘロイン・ハイウェー」というニックネームのルートができている。医師が軽々しく麻薬を処方するという問題も確かに存在する。薬品のオーダーには、服用量と頻度が記載されるが、どちらも妥当な限度を超えて指定されることがある。キャリアを通じて私は文字通り何リットルというモルヒネやその派生薬を投与または処方してきた。ただ、私は追加薬の処方箋を書くことはめったにないので、ほとんどは病院内で処方したものだ。私のケアのもとで中毒者を作ってしまったことはないと思う。とはいえ、私が一点の曇りもない無実を堂々と主張するならば、認識が甘いと言われるだろう。麻酔下ではあるが、私は中毒候補者に初めての麻薬を投与したこともあったに違いない。

中毒が蔓延する現代、処方された麻薬の過剰摂取と違法ドラッグのあいだでせめぎ合いがあると思われる。中毒者は増えつづけ、今や十一分に一人が過剰摂取で死亡している。転倒、交通事故、または銃撃によるよりも多くの人々が毎年麻薬の過剰摂取で死んでいる。有名人がこの流行病で死ぬと、マスコミが注目し、名声の落とし穴だなどと書き立てるが、すぐにそれも忘れられる。医学界または政府が麻薬の処方を控える方向に向かうなか、繁華街での売買が増えているように見える。単に「禁止します」と言っても、答えにはならない。総合的に見て、麻薬中毒は増加傾向にある。

極端な意見だが、麻薬の処方箋は、鎮痛——麻酔および疼痛管理——の専門家だけが書けるようにして、処方箋の扱いも同じ専門家に責任をもたせるという考え方もある。麻薬の処方にあたって、事務的書類が大量に発生し、時間・労力の面で医師の負担が大きいため、一回に三カ月間分として九〇錠の薬剤を処方するほうが、毎月三〇錠を処方するよりも簡単だと考えられるようになった。麻薬の処方に関して追加は許されない。ここでも、意図せぬ結果が生じたのである。いっそ、薬剤は薬局から容易に入手できるようにし、しかし販売する錠剤の数を制限するという方法を考慮すべきかもしれない。

鎮痛のゴールははっきりしている。疼痛を治療する医師は痛みの原因に対処する手技と薬品を使用し、一方で、全身への影響があり、あるいは依存症に導きかねない、快楽神経伝達物質ドーパミンを分泌させる薬剤を回避することが望ましい。

手足を拘束された中国の少年のために適切な治療法を見つけられないかと私は悩んでいた。少年と同じような状態で苦しんでいる男性を治療したとき、私の願いを実行に移すチャンスが訪れた。マイクは、生まれたときから胸が陥没した漏斗胸《ろうときょう》だった。仰向けになったときの胸のへこみにコップの水を流し込むと水が溜まる。見た目はともかく、漏斗胸は、変形した胸骨により呼吸と心臓の機能に悪影響を与えることがある。

漏斗胸の修復は麻酔覚醒後の痛みが激しい手術の最たるものである。手術ではすべての肋骨を胸骨から外科的に分離した後、切断して正常な見た目に再建する。手術後は、息をするたびに、そして動くたびに、胸部に激痛が走る。マイクの痛みを和らげる解決策は、彼が何日もぼんやりとした状態になるような大量の麻薬を投与することではなく、疼痛の源である胸の近くの痛みを取ることだった。

マイクはこちらに背を向けた体位を取っている。私は、肩甲骨に挟まれた椎骨のすきまから針を刺し、脊髄の外側で脊柱管の内側の空間にカテーテルの先を留置し、胸部硬膜外麻酔を施した。局所麻酔は、脊髄から出ているすべての神経に持続的に投与される。

手術後、回復室にいるマイクの様子を見て私は大いにほっとした。彼は目を覚まし、のんびりしていた。マイクの痛みを取ろうとやっきになっているうちに、私はホームランを打ったのだ。中国で苦痛に身をよじらせていた少年とは異なり、手術から数時間でマイクはベッドの横の椅子に座って私と話していた。

すべての治療がこれほどうまくいくわけではない。患者全員のあらゆる痛みが取り除かれるとはかぎらない。それでも、私が見た苦しみに満ちた中国の少年、ついに名前を知ることもなかったあの少年が、私のキャリアの方向を変え、私のゴールを明らかにした。そう、目指すはありとあらゆる痛みを消し去ることである。

# 第12章　囚われた脳

湖を臨む森のなかで休暇を過ごしていたとき、鎮痛に対する私の覚醒が次の段階に進んだ。

その夜、私は不眠症のせいで日の出の何時間も前に目を覚ました。今夜の眠りはもうおしまいだ。他にすることもなく、天井を見つめていても仕方ないので、ソファに移動しテレビをつけた。汗一つかかずにシックスパックの腹筋を作るマシン、堅い物を切った後でもトマトをすいすいスライスできる抜群の切れ味のナイフなどの通販以外ろくな番組はやっていない。

私はそのとき選べた唯一のまともそうな番組にチャンネルを合わせた。それは地元の公共放送局が制作したドキュメンタリーだった。テーマは認知障害者――他者に自分の考えを話したり、伝えたりできない人々――のコミュニケーションである。番組内のシーンや設定が非常に印象的で、時間が経っても登場した人の顔や風景が頭に浮かぶ。私はこの映像の出所を見つけようとあれこれ試みたが、結局何も見つからなかった。もしかしたらあのテレビ番組は私の夢だったのかもしれないと思うことがある。医師としての私の成長を促す目的で私にだけ伝えられたメッセージだったのではないかと。

ドキュメンタリーのなかで、脳性麻痺の男性が自身の生活と苦悩を詳しく述べていた。ただ、彼の動作はこわばったようにぎこちなく、話す声は小さくてひどくテンポが遅かった。私は彼のイメージを今もはっきりと思い出すことができる。小さな中庭に座り、手に持った小さなナイフをゆっくりと使って木を削っていた。左右の前腕は、ときどきビクッとしながら嚙み合った二つの歯車のように動いた。彼の目は太いフレームのメガネの奥で大きく見開かれ、しゃべるときも唇が閉じることはなかった。シーンが変わり、彼はコンピューターの前に座っていた。彼は自分の状況について話した。彼が新たに獲得した声——コンピューターが生成する声——が、彼の頭にあるが口に出せない言葉を表現する。彼は指を使えないので、両手に鉛筆を握っている。軽くタップするのは無理なので、キーボード上の文字やタッチスクリーン上の定型句のアイコンをバンバンと叩く。コンピューターはこれに応えて、彼の考えを声にして読み上げる。脳性麻痺の男性が「箱に囚われた脳」について語った。

テレビ画面を見ながら、私は病院でカートの脇に立って、回復室やICUにいる患者を見つめ、小さなうめき声を聞いていた自分の姿を思い出した。そこにいる私は、うめき声が弱々しいので、大きな痛みはないのだろうと考えている。口をきけない患者が相手である場合、私はそこにいる人たち（家族、看護師、他の医師など）にこう尋ねるのが常だった。「痛みのせいでうめいていると思いますか？」。そして、その答えはたいてい「いいえ」だった。

患者が自分で気持ちを表現できなくなる一般的な原因は、脳性麻痺（CP）である。疾病対策センター（ＣＤＣ）は、脳性麻痺についてこう説明している。「動きを制御し、バランスと姿勢を保つ能力に影響を与える疾患群」であり「幼少期にもっとも多発する運動障害」である。さまざまなタイプのＣＰの原因は、一般に脳の発生異常または脳の発達過程での損傷（酸素が十分に供給されなかった場合など）とされる。外傷性脳損傷、脳腫瘍、脳卒中をはじめとする、さまざまな退行性疾患が、身体の動きをギクシャクさせ、さらに深刻な点として、コミュニケーションをできなくすることがある。大人の場合、脳卒中と脳動脈瘤破裂は脳外傷の原因と見なされる。

私の不眠症がもたらしたあの夜の啓示が、最終責任をもつ人物――そう、私自身だ――の肩に鎮痛という重責を課した。

一人の患者のことがパッと頭に浮かんだ。デビッド。ＣＰのためにひどく身体がゆがんでいた青年。彼の父親とは子どもの学校を通じて知り合った。息子のデビッドが手術を受けることになっている病院で私が麻酔科医として勤務していることを彼は知っていた。デビッドのＣＰの原因が早産だったのか、発達過程で感染症にかかったのか、あるいは出産時の外傷が酸素の欠乏をもたらしたのか、実際のところは思い出せない。しかし生まれたばかりのデビッドの脳は、急性低酸素症を克服できず、その後の回復も果たせず、正常に発達することができなかった。今、生まれて二〇年以上が過ぎたが、この疾患のためにデビッドの脳の働きには連動性がなく、私たちが当然のようにこなしている複雑な作業――靴紐を結ぶとか、フォークで食べ物を口に運ぶなど――を行うために必要ななめらかな動きを妨げる。あるいは、話すことを不可能にする。

私の基準では簡単な部類に入る手術の後で、デビッドはカートの上で静かにうめいていた。彼の動き

——彼にできる範囲ではあるが——はのろのろと小刻みで、歩くこと、書くこと、話すことはままならない。カートの上で、彼は鳥のように見えた。仰向けに横たわる彼の両腕は胸の位置から若干外側に向き、シーツの上の左右の肘が肋骨から十五センチほどのところにあった。デビッドの肘がピクピクと収縮すると、前腕が頭のほうにもちあがって耳の端から二、三センチのところに手が来る。彼のあごひげはきれいに整えられていて、だれかが愛情のこもった世話をしていることが見て取れる。頭は片側に向けられ、口はさえずる小鳥のように丸く開いて、舌が見えていた。

彼の小さなうめき声はとぎれとぎれに聞こえてくる。両手はかすかに短く震えると、少しのあいだ動かなくなる。彼は反対側に頭を回そうとするが、うまくいかず、私が立っているほうにまた頭を戻した。彼の視線は私に固定された。そして、同じ動作が繰り返される（脳性麻痺の患者はほほえんだり、顔をしかめたりできないので、痛みを評価するFACESスケールは正確な結果にならない）。

私は待合室でデビッドの両親と話し、私の麻酔管理に関してはすべて順調だと知らせた。私は彼らを回復室にいる息子のところに連れていった。二人にもデビッドの様子を見てもらい、感想を聞きたかった。追加の鎮痛薬が必要かどうか、なんらかのヒントが欲しかったのだ。すでに鎮痛のために麻薬を投与していたし、手術の内容からして、それで十分だろうとは考えていた。デビッドは両親の姿を認めると、大きく息を吸って、思っていることを伝えようと試みたが、うまくいかなかった。彼が発した声はくぐもっていて、震えがよけいにひどくなっている。

「デビッドは痛がっていると思いますか？　彼が苦しまないようにしてあげたいのです。ご両親から見て彼が痛みを感じているなら、薬の量を増やしますよ。今はとりあえず痛みがひどくならないようにしていますが、もっと薬が要るようなら、遠慮なく言ってくださいね」

彼を観察する時間が短すぎて、私には判断ができない。しかし、両親は私よりもずっとよくわかるはずだ。

彼らの反応は、私がこれまでにケアしたデビッドと同じ症状をもつ何百人という患者のすべての家族と変わらなかった。デビッドの両親は、彼はいつもこのような反応を見せると私に説明した。彼は両親を見て興奮していると言う。二人が何をもってそれを判断しているのか私にはわからなかった。なにしろ、私自身が彼らの息子が目を覚ましているところを見たのは、麻酔の前と後を合計してもせいぜい数分だった。

私の経験では、侵襲の度合いが少ない手術の後、回復室でのCPの患者はデビッドと同じような様子を見せるのが普通であった。私は彼らと意思疎通できたことがなく、どのくらいの不快感があるのか判別できないので、痛みがあればもっとはっきりとそれらしい態度を示すだろうと考えていた。

しかし、眠れなかったあの夜の痛みに関する私の「気づき」がすべてを変えた。デビッドへの私の処置は不十分だったと思い知ったのだ。

あまりにも長いあいだ私が思い違いしていた世界を、目の前に突きつけられたような気がした。そのときまで、身体の障害が重く、話すことができない人が、自分を取り巻く世界の情報を吸収し、理解することができるとは思ったことがなかった。あのドキュメンタリーの男性は私に衝撃を与えた。識者、詩人、作家であり、就職して給与も得ている人物。これはすべて彼の両親が息子を信じ、彼を教育することを主張し、学校では普通学級に入れた結果だった。そのうち技術が彼に追いつき、その技術を使って彼は大学に入学し、彼を閉じ込めていた身体の外で羽ばたくことができるようになった。

私の心のなかで記憶のテープが早送りされて、回復室に戻った。そこで私は、自分の思いを人に伝えることができない人たちから発せられるうめき声を聞いていた。私は彼らの痛みを、彼らの苦しみを、見知らぬ場所に連れてこられて当惑しているだけだと誤解した。今、コミュニケーションができていなかったのは自分だったと気づき、彼らが感じたであろう痛みがどっと押し寄せてきた。脳性麻痺、遺伝子変異、脳腫瘍、血管障害、外傷性脳損傷など、原因はさまざまだが、数百から数千の私の患者はコミュニケーションがままならない。あの静かなうめき声に耳を傾けなかった私は、なんて無知だったのだろう！　患者が「痛い」と私に伝えようとしていたのに私はそれを聞かなかった。

子どものころ、校庭や競技場でぶざまなプレイをしたり、つまずいたりすると、まわりからなじられた。「おい、もたもたすんなよ！（You palsy!）」。それはそこにあった。うまく動けないこと。それは私の前にあった。聞いていたのに、私はそれに耳を傾けていなかったのだ。言葉を辞書で調べてみることもなかった。「Palsy」は不随意の震えをともなう麻痺である。この定義では、聞いて理解するという受容能力の欠如については言及されていない。

あの夜ソファに座っていた私は、小学校のクラスメートの妹のことを思い出した。その子はＣＰで、筋肉が硬直して脚が内側に屈曲しており、毎日の学校の登下校にも苦労していた。その女の子に酷い言葉を浴びせる少年たちの残酷さも覚えている。反論することはできなかったが、彼女はすべての言葉を聞き、すべてを理解していたのかもしれない。私が覚えているのは、彼女が足をひきずって歩くので彼女の靴のつま先がすり切れ、それと対照的に顔には大きな笑みが広がっていたことだ。

私は激しい罪悪感に襲われていた。私はいじめっ子ではなかったが、だからといって許されるものではない。私は彼女をかばわなかったのだから。暗闇にテレビ画面だけが光っているなかで、私は、今後私のケアを受ける、認知障害のあるすべての患者——脳障害の原因を問わず——の擁護者になると決心した。今日の私の患者を通じて、小学校時代のクラスメートを守る責任は私に託された。


私の「気づき」は、暗闇のなかで突然起こった。箱のなかに囚われた脳。自分のまわりで起こることをすべて知覚できているにもかかわらず、思いを伝えることはできない人。

これまで一万五〇〇〇人近い患者に対応してきて、ついに私はこう自問するに至った。認識能力（知覚し理解することができる受容能力）は、表現能力（考えや感情を外に示すこと）と区別して考えることができるのか？　そのときまで、私は反応することができないのなら、受容することもできないと思い込んでいた。

認めるのは恥ずかしいが、コミュニケーションをすることができない患者に向かって、患者がその年齢にふさわしいふつうの思考プロセスを有しているものとして積極的に話しかけるべきだと気づくまでに、私はキャリアの半分の月日を費やしてしまった。彼らのCPの深刻さを私がどう評価するかなどまったく関係ないのだ。今では、患者に痛みがないと証明されるまで、彼らが苦しんでいると想定して処置に当たっている。何をするときでも必ず説明を行い、患者が驚くことがないよう慎重を期す。

この「気づき」により重責を負った私は、鎮痛のために非麻薬性・非中毒性の新しい薬剤を点滴で投与するようになった。その当時発売になったばかりだったこのケトロラクという薬品の価値は、薬局で市販されているモトリン（広く使用されている抗炎症鎮痛薬）と比べて効果が高いこと以上に、それが注射剤として製造されているので点滴で投与できる点にある。最終的に、飲み込む必要がない（呼吸障害のリスクがない）非麻薬性の鎮痛薬——強力な鎮痛効果をもたらす非経口・非麻薬の抗炎症薬——として選んだのがこの薬品だった。

私がステップアップするチャンスが訪れたのは、CPを患う別の少年が足の腱の拘縮解除で来院したときだった。この患者は筋肉が収縮したままになっているために、関節が緊張して膝が動かなくなり、足を広げることができず、衛生管理がむずかしくなる。しかし、関節がゆるめば、患者をベッドから椅子に移すことができるし、身体の拭浄や着替えが容易になり、両親、介護人、そして患者本人の生活はずっと楽になる。関節を動くようにする手術はそれほどむずかしくないし、ひどく侵襲的でもないが、切開して腱を切る必要があるので、麻酔覚醒後には鎮痛が必要である。

少年の手術が終わり、私は回復室で彼の横に立っていた。私の感情は、満足と怒りのあいだで揺れていた。彼もまた鳥のような姿勢で横たわり、両手は左右の耳の横にある。ただ、彼はうめいていなかった。静かに寝ている。彼に不快感はない。どこも痛くないのだ。私がコミュニケーションをとれない患者の痛みをこれまで正しく理解し治療していなかったという罪悪感で、この少年の痛みを安全に和らげることができた喜びは色あせた。私はこれまでたくさんの患者の処置を誤っていた。

ドキュメンタリーの男性のように、自分のために話すことができない人たちには、快適な状態を守ってくれる擁護者がいなかった。私と同じように彼らの家族も、薬物の過剰投与を恐れて彼らを理解しようとしなかった。患者の頭越しに他人を当てにして、鎮痛剤を与えるかどうかを決める受動的な麻酔管理者だった私は、今、自分で判断し、あらゆる努力を払って最大限うめき声を駆逐する活動家に変わった。過剰投与を回避することの代わりに、正確にその限界を見きわめるようになった。これはすべて、車椅子で背筋を伸ばしてスピーチを披露し、私に啓示を与えた、あの勇敢なＣＰの男性のおかげである。

未来の世代の人たちは、薬剤、手術、麻酔、そして医師としての私とその行動をどのように評価するのだろうと思うことがある。彼らは、私が十九世紀の理容師であり外科医でもあった人たちのことをそう感じたように、私のキャリアを野蛮なものと見なすだろうか？

# 第13章　目で見て、やってみて、教えてみよ

手術の最中、同僚医師が「奥さんから君に電話が入っている」と知らせてくれた。麻酔カートの後方の壁に設置された電話が点滅している。受話器を取り、おそるおそる「もしもし」と言った。妻がその夜の予定をわざわざ確認するような電話をかけてくるわけがないし、帰る途中で何か買ってきてなどと言うはずもない。

「ネイサンがペニー硬貨を吐いているの」

自宅から三〇キロも離れた手術室に立ち、私はまだよちよち歩きのわが子についての医学的所見を求められている。ペニー硬貨の大きさを考慮すると、一枚飲み込んだところで生命を脅かすおそれはない。

「二五セント硬貨を吐いたらまた電話してくれ」

私がそう話しているのを聞いて、手術室にいるスタッフ全員の視線が私に向けられた。私の返事は冷淡で思いやりがないと思われたかもしれない。しかし、長年にわたり献身的に築いてきた関係があるの

で妻と私は互いに理解し信頼し合っていた。

普段私は、初めて会ってから三分間後には、患者、配偶者、親、子どもその他の人々に、私を信頼して自身の命または愛する人の命を預けて欲しいと頼む仕事をしている。私はその信頼を期待し、必要としている。

専門家に対する期待は、医療センタースタッフの役職をうしろだてとする。スタッフ麻酔科医、または専門分野でのスタッフメンバーとなるには、州のライセンスが必要で、通常は専門委員会の認可を含む他の資格認定も求められる。麻酔科では、承認されたトレーニングプログラムを修了し、専門分野で必要な症例の数と種類をこなし、筆記試験に合格した後、最後のハードルとして、専門分野のテーマについて経験豊かな麻酔専門医が質問を行う三〇分ずつ二回の口述試験にパスしなければならない。私は試験官をしたことのある多くの医師と話したことがあるが、ほとんどが「口頭でのプレゼンテーションの最初の一〇分以内に成績が決まる」という意見だった。

即断即決は実生活でも行われている。私の患者とその家族たちは、私が病院で診療するすべての日において即時の判断を下す。そして、彼らは疑問をもつこともない。そのことは私を驚かす。なぜなら、私の全キャリアをつうじて、ケアを受ける前に私の証明情報を求めてきた患者の数は片手で数えられるほど少ないからだ。患者の立場になれば、自分の担当医師について調べるほうが賢明である、認定機関以外で診療を行う医師に関しては、こういった調査がよけいに重要になるだろう。私は専門委員会の認可と再資格認定について尋ねられると、むしろうれしく感じる。

信頼性は、ティーチングホスピタルにおいてはさらに高いレベルで要求される。私は明日の麻酔専門医を教育する。私はトレーニングを修了して小児麻酔学を専門に選んだフェローや研修医を教育する。こうしたトレイニーたちが麻酔をかけるときには私が監督する。

一人の母親が、近日中に予定されている娘の手術のことで私に電話をかけてきた。彼女が不安を感じていたのは、ほぼ型どおりの外来患者の手術に関する麻酔管理についてだったが、自分の子どものこととなれば、「型どおり」の手術などありえないのだ。彼女はすべての患者または家族がすべきことをしていた。そして友人や介護士たちが口にした麻酔科医の名前を尋ねて回ったらしい。

その母親が私の麻酔計画についてもっと詳しく知りたがったことは驚くにはあたらない。驚くべきことは、私がこの種の電話を取ることがめったにないという事実である。私たちの担当部門には、麻酔科医が交代で電話の問い合わせに答えるシステムがある。その日は私の担当日ではなかった。しかしこの母親は私を名指ししていた。

麻酔科の秘書が、外部からの電話が入っていると私を呼び出した。手術室を出て、二つのホールが接する寂れた場所にある壁かけ電話の受話器を取った。「こんにちは。ドクター・ジェイです」

「こんにちは。お時間をとってくださってありがとうございます」と母親は言った。

電話は差し向かいで過ごす時間と似ている。目と目は合わないが、時間がとても短く感じる。ちょっとしたあいさつを交わすだけで、二つの目的が果たせる。一つは、親または患者の気持ちがほぐれて、肩肘張らずに話せるようになること。二つ目は、時間が異なる次元を呈すること。会話に費やされる時間が実際よりも長く感じられるのである。私が話している相手は、医師が時間のことを気にせず、自分を思いやって話してくれていると信じている。私は求める情報と、互いの信頼関係をより容易に築く助けになりそうな追加情報を見つけ出そうとしていた。それも、尋問しているように思われない方法で。

母親は回り道をしながら、最後にこの質問をした。「娘の麻酔について話すことはできますか?」。彼女が電話でとくに尋ねたかったことは、私自身が彼女の娘に麻酔をするかどうかだった。

「単なる好奇心でお聞きするのですが、私の名前はどこでお知りになったのですか?」

彼女は、いろいろ聞いて回ったが、あちこちで私の名前が出たと言った。私の勤務する病院に彼女が来たことは不思議ではない。ここは、この地域でもっとも小児科が充実した病院だからだ。この病院では、認知されているあらゆる小児疾患に対するケアを提供し、世界中から来る子どもを治療している。私が意外に思ったのは、彼女が麻酔科医として私を希望したことだ。

そのことは私の自尊心をくすぐった。もしかしたら彼女が話しただれかが私の名前しか知らなかったのかもしれないし、推薦者は私の資格も能力も知らなかったかもしれない。しかし、これ以上詮索するのはやめておき、お世辞をそのまま受け入れることにした。私の経験は年月とともに深まっているし、私は地域および全国レベルの委員会にも籍を置いている。それでも、普段指名してくるのは知り合いの場合がほとんどだ。しかし、今回はツテのない突然の電話での依頼だった。

私は、彼女が私に電話をしてきた本当の理由を言うのを辛抱強く待っていた。なんとなく話が倫理的な窮地へと向かっている気がしたが、急いでそこに行き着くことはなかろう。しかしまもなく、彼女が手術予定日に私が担当できるかどうかを尋ね、私が大丈夫ですと答えると、彼女はようやく本音を口にした。「それで、先生がご自身で麻酔をかけてくださるのですよね? 研修医にはかかわってほしくないんです」。彼女は、私に一人で彼女の娘の麻酔管理をしてほしいのだ。たとえトレイニーが同席するとしても、端っこに座って見ていてもらいたい。

これは、終わりのない壮大な議論である。教える者対教わる者の議論だ。

私が思うに、どんな病院でも、外科の指導医に執刀してほしいと患者に頼まれることはめずらしくないだろう。小児科の指導医にのみ点滴や採血をやってもらいたい。麻酔科の指導医にのみ子どもの麻酔と挿管をまかせたい、など。

医学に関して、こんな格言がある。「目で見て、やってみて、教えてみよ」。これらの前に、「読む」ことから学習は始まる。その後、先輩の手技を見学することになるが、観察から専門技能は得られない。見学では大量の情報を得るのみである。本での学びが与える知恵を越え、医師として実際の手技を習得するには、人の身体にその手で触れなければならない。

ピアニストは、動画を繰り返し見たところでバッハやベートーベンの作品を習得できない。学ぶためには、医師の手が身体に触れなければならないのと同じように、指がピアノの鍵盤に触れる必要がある。経験の浅い者は、正常な状態を触診する機会、そして同じく重要なことだが、正常ではない状態を見分ける機会を与えられなければならない。

親が、わが子に触れる医師として指導医のみを要請——悪く言えば、要求——し、研修医を拒否した場合はどうするか？　この答えは、医師によって、あるいは病院によってさまざまである。多くの者は、頼みを聞き入れ、単に「わかりました」と答える。閉じたドアの向こう側では、その部屋にいる者以外の者が、実際に患者に触れるのがだれかを知ることはない。当の本人を除けば、手術室のだれも要請があったことを知らない。

米国の全病院のうちティーチングホスピタル（研修医の教育プログラムを有する病院）は二〇パーセントに満たず、これらティーチングホスピタルの多くは数種類の専門科のみをカバーする研修プログラムに限定しているため、研修医お断りと要求される問題は、医療機関のごく一部でのみ起こる。しかし、該当する医療機関では、この問題は頻繁に発生する。患者と家族には選択肢がある。コミュニティ病院（一般的に非営利機関）は、指導医の執刀を望む人にとっての代替案になるかもしれない。コミュニティ病院の場合、その状況にかかわらず、手術や治療は医師のアシスタント、医療技術者、および上級実践看護師から成るチームにより提供される。この場合、病院内のどこかで訓練を受けているかもしれない研修医が患者に手を出す懸念はない。ただ、不安そのものは残る。こちらでは、医師のアシスタントや上級実践看護師が患者のケアに当たるのだから。

患者が大学病院やメディカルスクールなどのティーチングホスピタルを希望する理由は、それが医療におけるリーダーだと見なされているからである。ティーチングホスピタルは、医学の限界を広げる研究センターでもある。こうした病院で開発される最新技術や実験的治療は、他の病院では利用できないことがある。大学の付属機関は医療の最先端を代表する存在であり、そこに属する医師は、利益を生み出さなければというプレッシャーに常にさらされてはいないし、資金も労力もかかる調査や臨床研究を通じた医療活動に創造性を加味することが許される。

いずれの専門科についても、全国的に高い評価を受けている病院のほとんどすべてがティーチングホスピタルである。一つの都市部でアンケートをした場合、トップテンに入る病院のうち七つはティーチングホスピタルである。こうした医学の学びのホールに足を踏み入れる患者は、トレイニーが治療の枠組みのなかで基本的な一部になっているという前提を理解する必要がある。

指導医のみでお願いしますと言われたときの私の答えはいつも同じだ。「いいえ。私のやり方を変えてほしいという依頼はお引き受けできません」。私のケアは、研修プログラムを軸に組み立てられている。指導医のみのケアを要請された場合、いつもの手順が変わり、ミスや失敗の可能性が高まる。万が一何かケアの手違いがあった場合でも、責任は私にある。ただ、私のやり方を変えろという依頼は受けられない。それに、トレイニーの手は私の手の延長なのだ。

私のトレイニーが患者を評価し検査する。彼らは私が長年したがってきたものと同じ儀式を執り行う。評価の完了後、麻酔計画を作成する。計画を実行に移す前に、研修医と私はあらゆる点を検討する。私は、既往歴を確認し身体診察を行い、すべてのデータを入手してから、計画を承認するか、あるいは代案を提案する。私の決めたシステムでは、二人の医師が患者を評価する。なぜ、二人いてはいけないのか？

電話をしてきた母親には、こう話した。「どうかそのようなことはおっしゃらないでください。ここでトレーニングプログラムを実施していることはご存知ですよね。それに、あなたの娘さんの経過については私が全面的に責任をもつことをお約束します。問題があれば、私に言ってください。なにより私を信頼していただく必要があります。あなたのために私のやり方を変えることはできませんが、娘さんにとって最善の結果を導くために私ができるもっとも確実な方法は、いつもの手順でやらせてもらうことだと申し上げておきます」

母親は返事をためらった。息を吸う音が聞こえた。だが、結局彼女は渋々承知した。

手術の当日、初めて娘といっしょにいる彼女に会った。私は改めて私の意図を話した。麻酔管理に関して何か問題があれば、それは全面的に私が責任を負うと繰り返した。そして、こう付け加えた。「何も問題は起こりませんよ」

彼女の娘の手術は、手順どおり問題なく進んだ。研修医は、学習過程でどこまで深くかかわることが許されるべきなのだろう？

目の前にある身体の状態を把握し、ケアのために必要な手技を実行できない研修医は、脇へ追いやられ、観客席をあてがわれる。病状を理解し、必要なケアを迷いなく実行できるようになったら、研修医の最低ラインは、患者を絶対に傷つけないことだ。研修医の試みをやめさせる私の「強制終了」は、具体的には、点滴の失敗が三回、または呼吸管の挿管失敗が二回で発動する。「害を与えてはならない」という言葉は、医者としての私の心に刻みつけられている。

私が患者の病室に入っていったとき、そこは大混乱だった。引き戸は開かれていたが、プライバシーカーテンは閉じていた。カーテンを引くと、両親の緊張が伝わってきた。

三歳くらいの幼い男の子が、カートの上で飛び跳ねている。横に立っていた父親が両手で息子をおさえて、下に落ちないようにしている。その子がカートから飛び降りるのでは、という私の不安はとりあえずおさまった。

父親の後方には、壁に沿って椅子が三脚並んでいる。入口に立つ私から近い場所には、二脚の工業デザインの肘かけ椅子があった。メタルフレームの頑丈な作りで、まっすぐな背板にはカーテンと調和する青い合成皮革のクッション材が張られている。家庭的な雰囲気を演出しつつ、長期間の雑な扱いにも耐える椅子だった。硬いプラスチック製の肘かけでは用を足さない。ドアから一番遠い、部屋の隅には座面が柔らかいクッションになっている明るいクランベリー色の革張り椅子が斜めに置かれていた。その椅子のリクライニング機能は、部屋の外観とそこに座った人の両方に安らぎを与える。患者の父親らしき人がそこでうとうとしている姿もわりとよくみかける。ただ、たいていの場合、そこには子どもを抱いた母親が座り、わが子を落ち着かせようとしている。

その日、患者と私のあいだの空間には父親がいた。私の経験では、その空間にいるのはたいてい母親である。というのは、子どもの健康面を担当するのが、一〇人のうち八人は母親だからだ。小児科にあるこのスペースは、成人向けの医療の場で通常見受けられる、ベッドの脇に家族みんなが座って（立って）いるところではない。

通常このスペースでは静かに流れる水のように、スムーズに話が進む。それに、不安と緊張を感じている親たちは、少しでもわれわれの助けになりたいと、必要なあらゆる情報を与えてくれるので、医師は彼らの子どもにとってもっとも安全で効果的な治療計画を作成できる。通常、私はほとんどの（全部ではないとしても）質問を母親にする。母親は子どもの健康状態について多くの情報を提供してくれる。父親に聞くと、私自身もそうなのだが、しばしばその答えは「わかりません」なのだ。

「お子さんにアレルギーはありますか？」

「えーと……」

この場面をうまく切り抜ければ、子どもに行き着けるので、信頼関係を築きながら検査を終了することができる。

ただ、時として、このスペースがそれほど穏やかでないこともある。第三次医療〔訳注：一次および二次救急では対応できない救急医療〕の小児病院の場合だ。言い換えると、私たちは、患者、そしてそれ以上に親たちにとって最後の頼みの綱なのだ。コミュニティ病院が必要なケアを提供できないことや、コミュニティ病院のケアが問題を軽減してくれないこともある。別の医療機関でうまくいかなかったり、不愉快だったりする経験をした患者、親、家族は、ただ不安になるだけでなく、怒りや苦悩を感じていることがある。こうした場合、彼らはかたくなになっていて、コミュニケーションがむずかしい。しかし、ケアを移行する理由や不満の原因についての真相をつかむ必要があるし、同時にこちら側に適切なケアを提供する能力があることを示し、子どもだけでなく親に対しても同情を示しながら、私たちの病院が以前の病院よりもよいケアを提供できることを信じてもらわなければならない。

飛び跳ねている男の子の母親は背筋を伸ばして椅子に座り、胸の前できつく腕を組んでいた。彼女は、不安にさいなまれた、状況を把握できていない母親のようには見えない。こういった状況で私が見慣れた光景は、親が落ち着かない様子で椅子に浅く腰かけ、手は膝の裏側に入れて、緊張を表に見せないようにしている姿だ。しかしこの母親は、ちょっとしたきっかけで、いまにも地表に触れて竜巻を起こす漏斗雲のような、あるいはエネルギーを発散して跳ね上がろうとしているきつく巻かれたバネのような様子なのだ。この母親は攻撃態勢にあった。そして、私は彼女の進路に立っていた。

彼女の息子はペニスの手術——初めてではない——のために入院した。彼の三年間の人生で、ペニスの美化手術は今回で三回目の試みとなる。最初の二回は別の病院で行われ、母親は見るからにいらだっている。彼女のフラストレーションがバネの巻きを強め、うっかり不穏当な発言でもしようものならただちに爆発する。私は部屋に入り、いつものように自己紹介をした。幼児の父親は返事をしたが、母親は座ったまま何も言わない。彼女の強い視線が私に向けられ、その懸念の深さに私はおののいた。

　年若い男の子には驚くほど多様なペニス関連の病気が発症する。それと同じくらい、あるいはそれ以上に驚くべきことは、親が息子のペニスのことを取り憑かれたように心配することだ。まるで、この小さな器官が少しばかり人と違っていると、息子はバカにされ、負け犬の一生を運命づけられるとでも思っているように見える。幸いなことに、私は小児泌尿器科医ではない（泌尿器科医はさまざまなニックネームで呼ばれる。「ペニス先生」「ストリーム・チーム（尿が流れる器官の治療をするから）」「プリック（ペニスの意）」「配管工」など。私のお気に入りは「ウィー・ウィー・ワッカー」だ〔訳注：「ウィー」はおしっこ「ワッカー」は自分が大物だと考える自信過剰な人〕）。小児泌尿器科医は、術前および術後の何回もの来診時、その都度繰り返される質問や不安の訴えに対応しなければならない。小児麻酔科医の私が患者や家族と接触する機会は、通常手術の当日のみだ。

　母親の刺すような視線の呪縛からなんとか立ち直った私は、いつもの質問をした。父親がそれに答え、母親は部屋の片隅で座ったまま、静かに煮詰まっていた。私が少年を診察した後、予定している麻酔管理について両親と話し合うことになった。私は、以前の手術の際に少年が鎮痛のためのコーダルブロック〔訳注：仙骨硬膜外麻酔〕を受けていなかったことに気づいた。私は即座にケーシーのことを思い出した。私のなかのレジェンド、最高の外科医ケーシーだ。

ケーシーの患者の多くは、ペニスに問題がある子どもたちだった。そして、患者の親たちは、息子が回復室にいるときだけでなく、退院して帰宅してからもずっと苦しまないように対処してほしいと強く希望した。コーダルブロック——麻酔下で（痛い思いをさせずに）一回だけ尾骨に注射する局所麻酔薬——は、六時間以上効果を持続する。一度など、コーダルブロックがとくに長く効いて、手術の十六時間後に服用することになっていた最初の鎮痛剤が必要なかったこともある。

ケーシーは私を探し出しては言ったものだ。「もっとたくさんの親を満足させるんだ！　コーダルだ、コーダル！」。彼は、この硬膜外麻酔のメリットがあるすべての患者にこれを受けさせたいと考えていた。私は彼の助言にしたがった。そして、私はこの麻酔を受けた子どもたちが私の麻酔管理下で痛みから解放されていただけでなく、退院して家に着いても快適な状態でいられたことに満足している。

しかし、ここにいる小さな男の子の母親に関しては、コーダルブロックについての私の提案が勢いよくバネを放つきっかけになってしまった。不安なのか怒りなのか私には判断がつかない彼女の感情がどっとあふれ出した。母親がコーダルブロックに断固反対したのは、自らの出産時に投与されたコーダルブロックが効かなかったか、コーダルブロックのせいで永久麻痺が起こる危険があるという誤解が広まっているせいだろう。それは間違った情報だ。ただ、コーダルブロックの件を持ち出す前に彼女が私を信頼していたとすれば、彼女の息子がこの麻酔を受けるべきだと言い張ることによりその信頼を失うおそれがあった。私は別のアプローチを取ることにした。

こうしているあいだ、男の子はあいかわらず父親の腕に支えられながら安全にぴょんぴょんと跳ねていた。論争の火ぶたが切られたことに気づいていない。

この子が過去に受けた手術のときよりも、術後の鎮痛効果を高めることができるという確信が私にはあった。もっとも容易な選択肢は、これ以上この件に踏み込まずここを立ち去り、コーダルブロックをせずに手術を行うことだ。しかし、私の最優先の責任は親ではなく、患者に対するものである。この少年に、もっとも安全かつスムーズで、最大限痛みのない麻酔を受けてもらいたい。はっきりと覚醒し、痛みのない状態で彼を両親のもとに戻すことが私の目標なのだ。だから、私は提案を撤回せず、さらに押してみることにした。

ここで問題となるのは、ケアおよび鎮痛に関する私の計画――この子が以前の二回の手術で受けた治療を上回るケア――を、不審の表情を前にしてどこまで強く主張すべきかのさじ加減である。「目で見て」が終わり、「やってみて」の段階も過ぎ、「教えてみよ」も超えた今、私は二〇〇〇件以上のコーダルブロックを行ってきたわけだが、実質的に一件も合併症は生じていない。私はこう切り出した。

「めったにないことですが、今日は医師としての立場ではなく、父親として、私ならどうするかというお話をします。私は、コーダルブロックをせずに息子にこの手術を受けさせることは絶対にないと言い切れます」

「本当ですか?」と父親が聞いた。「でも、それって安全なのですか?」

「私はこうしたブロック麻酔を何千回も行いましたが、重大な合併症は一度も起こっていません。仮に問題があったとしても、それは麻酔が適切に機能する正確な場所まで薬品が達しなかったことが理由です。この問題が生じたときには、あなたの息子さんには、コーダルブロックを注射しなかった場合に使うことになる薬剤を投与します」

「うーん」。一瞬の沈黙。「どうだろう、やってみてもいいんじゃないか」

父親がこの言葉を言い終わる前に、母親が椅子から勢いよく立ち上がった。腕を突き出し、彼女は非難あるいは軽蔑の目つきで私をにらんだ。

そして、こう言った。「ブロック麻酔は回復不能な障害を生じさせることがあると聞いています」

「私は一度も経験したことがありませんよ」。実際私は、神経ブロックが原因で永久的な神経損傷を負った患者に会ったことはない。そして、鎮痛の薬品が効かなかった事例を除き、私が行ったすべてのブロック麻酔で一切の合併症は生じなかったと重ねて説明した。

「ご両親の希望どおりにいたしますが」と私は続けた。「コーダルブロックを強くお勧めします。これは、息子さんの痛みを取るために私が提供できる最高の手段なのです」

「それで行こう」と父親がきっぱり言った。

二人の反応はサンアンドレアス断層のずれよりも大きかった。

少年の母親は、カートの足側に数歩進んだ。そして、一瞬夫を見つめ、次に息子を見て、再び夫に視線を戻した。彼女は右腕を持ち上げ、まっすぐ夫に向けて人差し指を突き出し、その手を振りながら、言い放った。「何かあったら、全部あなたの責任ですからね！」

力強く自信に満ちたコメントを残そうと思い、私は言った。「私を信じてください。かならずうまくいきますよ」

結果を出す責任は私にある。私はカーテンをくぐりぬけ、ホールに出る前に引き戸が閉まった。家族だけになって、夫妻が交わす議論を私は聞きたくなかった。

幼児の麻酔前記録をつけた後、私は、自分が一線を越えてコーダルブロックを強く勧めすぎただろうかと一瞬考えた。

カルテの最終的な検討を終え、内容を確認し、男児の病室に戻った。最後に何かご質問はありますか、と尋ねた。母親は椅子には戻らず隅のほうに立って、険しい顔で黙り込んでいた。父親が、すべて問題ありません、と返答した。私はカートから男の子を持ち上げ、彼を抱いて手術部に戻った。

私たちは両開きのドアを抜け、そこで私は「よーし!」と声をあげた。母親のもとからこの子を取り上げてきたが、彼は泣いていなかった。よい兆候だ。好きなテレビ番組や本について、ずっと彼に話しかけていた。私は、ドクター・スースの絵本『グリーンエッグ&ハム』の一節を暗誦してみせた。

ガムの香りのマスクを彼の顔にかぶせるあいだも、私はしゃべりつづけていた。君は笑気ガスを吸っているから、チクチクするような感じがしたり、クスクス笑いたくなったりするかもしれないよ、と言った。彼は数秒で静かに麻酔にかかった。

無事に点滴が入り、私はこの後の処置のために彼を横向きに寝かせた。まず、脊椎の先天的な欠損があると硬膜上腔に穿刺して局所麻酔を打つことができないので、注意深く彼の背中を調べコーダルブロックが可能かどうかを確認した。彼の身体構造は完璧だった。

私は麻酔科の研修医のほうを見た。親とのあいだに何があったかを知っていた彼女は、ブロックを行うことを固辞した。最初、私は彼女の態度にむっとした。学ぶためにはやってみるしかないだろ? しかし、考えてみれば彼女は小児麻酔科医を目指しているわけではないので、今後医師としてこのブロック麻酔を行う可能性は低そうだ。私がブロック麻酔を施すことに何の問題もない。なめらかに針が入り、局所麻酔薬が速やかに注入された。手術も順調に進んだ。外科医はすばらしい仕事をした。彼のペニスはほとんど傷も残らず完全に治癒し、どんな親も自慢できるようなペニスになるはずだ。

私にとって一番重要な点は、この子が麻酔から覚め、痛みを感じることなく回復エリアまで連れていけたことだ。

スケジュールがいっぱいに入っていたので、私はすぐに次の患者に対応しなければならなかった。私は、カートのほうへ歩いた。カートの端に女性が座っている。床に目をやると、女性の足先から汗が滴り、私の見ているあいだにも汗のつぶがくっついて水たまりを作っている。この女性は多汗症という疾患に苦しんでいる。「脇汗がひどくてさあ」、というようなレベルでは全然ない。本物の多汗症の人の汗は非常に深刻で、ハグをすればびしょぬれのタオルを抱擁しているかのごとくだし、握手をすれば水を含んだスポンジを握ったような感じがする。そして汗はどんどん噴き出してくる。一回身につけただけで、服も靴もびしょびしょになる。

この疾患では、顔のしわとりなどで有名なボトックスが治療の選択肢として提供される。ボトックスは高価なのが欠点だ。もっとも汗をかきやすい部位は、手、足、脇の下、臀部の殿溝（尻と太ももの境目）などである。問題の原因となる汗腺は体中に広く散らばっているが、それらを狙って微量のボトックスを多数の箇所に注射する。注射の数が多いので、麻酔が必要になる。この患者は簡単だった。点滴を入れ、導入にはミルク色の麻酔薬（プロポフォール）、維持にはセボフルランを使用した。まもなく私は女性を回復室に移した。無数の血液の点が視界に入る。彼女は痛みのない快適な状態で目覚めた。

回復室の彼女の隣のカートには、先ほど手術を受けた幼い患者が腰かけ、アイスキャンディーをなめていた。彼の母親はカートの足側に座っていたが、父親の姿は見えない。

「どうですか?」と私は言った。

「どうって、何が?」と母親。

「どう思いますか?」

「別に問題ないわ」

カッとしてはいけない、と自制した。「問題ない? それどころか、息子さんは絶好調ですよ。手術は完璧でしたから」

翌日、驚いたことに、あの母親が、この病院での対応はこれまで経験したなかで最高だったとコメントしたという。


医師であることの喜びは、さまざまな方向からやってくる。たいていは、患者にケアを提供し、自分がよい結果をもたらしたと知ったときにやりがいを感じる。しかし、ときには、予期しないところからうれしい知らせが届くこともある。以前の同僚から電話があり、彼の女友達の子ども〔障害があるそうだ〕が麻酔を受ける必要があるので、話を聞いてあげてほしいという。私は、彼の友人から直接私に電話してもらえるように頼んだ。そして、彼女は私に電話をかけてきた。どうやら私は彼女の不安や懸念を和らげることに成功したようだった。その後まもなくして、友人から私に送られた手紙では、彼女は私のことを「メンシュ」〔訳注:高潔な人物の意〕と呼んでいた。光栄の至りである。

私にとって最高に心温まる思い出のいくつかは、私が教えたスキルや技法を別の人が見事にやってみせたときのものだ。ある朝、私が教育した若い医師からの電話を受けた。当時の彼はここから数百キロ離れた土地で開業していた。

「先生は、ゆうべひとつの命を救ったんですよ」と彼は言う。

「ほお、それはすごい。私はどうやって命を救ったんだい?」

彼の話によると、生まれたばかりの赤ん坊が彼の病院の新生児集中治療室に搬送されたという。その子は呼吸不全に陥っていた。彼の下あごが小さかったために、呼吸がうまくできなかったのだ。新生児専門医が何度も挿管しようとしたがうまくいかなかった。声帯が見えない。「スタッフに呼び出され、その乳児を見たとき、私はあなたが教えてくれた臼歯後方からのアプローチのことを思い出しました」。これは気道が見づらいときの挿管テクニックである。「最初のトライで声帯が見えたので、スムーズに挿管することができました。先生が、あの赤ちゃんの命を救ったのです」

この電話は、教える立場としての私のお気に入りのエピソードだ。それは、教えることへの激励であり、褒め言葉であり、他人に専門知識を授けることによってヒポクラテスの誓いを果たすことでもある。

# 第14章　覚　醒

今日投与されるほとんどの麻酔は、かつてと同じく強力な吸入エーテルガスを利用している。患者が麻酔下から意識の世界に戻ってくるときには、必然的に化学的な昏睡からのリバースをともなう。私は気化器のダイヤルを左に二目盛り回し、揮発性麻酔薬の噴出を止める。ガスは文字通り息切れし、体内のガス濃度が十分に下がると、患者は麻酔から覚める。麻酔導入にかかる時間は秒単位だが、覚醒のプロセスは、もっとゆっくりで分単位の時間がかかる。不動（Akinesia）のために薬品が使われていれば、拮抗薬が必要になる――もちろん、注射器の取り違えはなしで。

患者、そしてとくに外科医は、手術の開始時に麻酔のボタンを一回押すだけでただちに麻酔が導入され、手術の終了時に、もう一回ボタンを押すだけで麻酔が切れることを望んでいる。即時の麻酔導入はほぼ実現できているが、即時の麻酔覚醒となるとまだ道は遠い。

麻酔の目的を五つのAに分けることで、麻酔科医は導入・覚醒の目標達成を促進させ、患者の状態と満足度を高めることができる。腹部または胸部を侵襲しない手術ではとくに、揮発性麻酔ガスの使用を避ける治療計画により、覚醒プロセスを多少短縮できるかもしれない。エーテルを使用しないことで、別のメリットもある。以前ガスによる麻酔を受けた後で執拗な吐き気と嘔吐に見舞われた患者は、原因だとわかっている揮発性麻酔薬を吸わないことで副作用を避けられる可能性がある。

抗不安、記憶の消失、無痛のために薬を組み合わせれば望ましい麻酔効果を得られるが、これには複数の薬品が必要となり、覚醒の手順が複雑になる。人は睡眠中に記憶を形成するが、揮発性ガスで麻酔にかかっているあいだ記憶は作られない、目が覚めていて空想しているとき、ならびにアゼパム（ベンゾジアゼピン）の影響下では、意識を失う。麻酔のプロセス中、どこかで患者の意識が働くというリスクは常にある。

患者や家族に「あまりたくさん薬を使わないで」「軽めにしてください」「もうろうとするくらいにして」などと要望されることは少なくない。近年のマスコミ報道で、吸入麻酔後の認知機能障害について批判めいた記事が出ているせいだ。これまでの科学的な研究は、この麻酔後の認知機能障害を立証していない。私は、麻酔の制御を電灯のスイッチにたとえている。そして、患者を完全に支配することができればしごく満足である。これは、トグルスイッチ――オンかオフのいずれか、中間はなし――の考え方である。揮発性ガスを使用するとき、患者は完全な麻酔状態になり、私は患者を完全に掌握し、また、合併症のリスクを最小限に抑えながら患者を覚醒に導くことができる。

この考え方に沿わず、投与する麻酔薬の量を減らして麻酔の深さを変えれば、トグルスイッチではなく、調光スイッチのようになってしまう。私は患者の完全支配を手放すわけだ。患者も、執刀医も、私も完全な支配権を有しない。スイッチのダイヤルを回すとき（必ずしも私の指が回すわけではないのだが）変更する必要のある薬品量は変わり、ある時点で患者は完全に麻酔下に入るが、その瞬間は簡単には見きわめられない。血圧の急変、閉じない気管からの胃内容物の誤嚥、気道閉塞、呼吸停止を発見し、迅速に対処することに失敗すれば、合併症が生じ、悪くすれば死亡にいたる。手術に麻酔専門医が立ち会っていないときには、鎮静剤の投与量が減らされることが多い。

投与される麻酔の種類にかかわらず、私は患者の完全管理を麻酔科医にまかせることがもっとも安全な結果をもたらすと信じている。

手術を避け、侵襲、介入が最小限のケアを目指すトレンドがあいかわらず続いている。閉鎖不全の、または狭窄した心臓弁の置換は、開心術から心臓カテーテルラボに、開頭による脳動脈瘤のクリッピング手術はコイル塞栓術を行う放射線科に、結腸のがん性ポリープのスネアによる切除は開腹手術から内視鏡ラボへ移行しつつある。こうした変化にともない、麻酔のニーズおよびテクニックも変わってきている。しかし、患者と麻酔科医間の麻酔前の話し合い——患者の希望、必要事項、助言——は、これまでと同じく重要である。

外科手術侵襲の患者への影響を最小限に抑えるという目標に向けた、過去四〇年間でもっとも重要な麻酔薬の進歩は、既存の薬剤の組成を化学的に調整したものではなく、完全に新規かつユニークな鎮痛剤の登場であろう。「記憶喪失ミルク」とも呼ばれる「プロポフォール」は、ほとんどの担体で溶けにくい。この白濁した色を与える脂質担体で溶解するプロポフォールは、五分ほどの短い作用時間で迅速な覚醒をもたらす、持続的な点滴静脈注射として理想的な鎮静剤である。プロポフォールは五つのAのうち、「抗不安」と「記憶の消失」の二つを提供する。この薬品には鎮痛効果はなく、実際には注入時にヒリヒリする痛みがある。激しい疼痛をともなう大きな手術では、追加の薬品と技術が必要になる。

その短い作用時間にもかかわらず、マイケル・ジャクソンが過剰摂取で死亡した事実を見ても、プロポフォールは危険な薬物であることがわかる。したがって、覚醒度を変えるときには慎重を期す必要がある。この薬品最大の利点は、覚醒までのスピードである。私が抗不安および記憶消失のために使用する他の薬品はどれも、気分が悪くて通常の作業ができない二日酔いのような状態が長引く。その点、プロポフォールには薬のあと作用はない。プロポフォールを使用することにより、意識はすばやく無傷で回復し、加えて麻酔後の吐き気および嘔吐が少ないというメリットがある。

私の息子が麻酔から覚醒したときのエピソードは、ある貴重な教訓を私に与えてくれた。彼はすばらしい麻酔管理を受け、一切の害を受けず元気に目を覚ました。しかし、少し後になって、彼は手術後に痛みがあったことを私に打ち明けた。開頭手術の場合、通常ならば激痛が生じそうな頭蓋骨の切断をともなうにもかかわらず、驚くほど痛みが少ないことを私は経験から知っていた。私が麻酔を担当した患者に関しては、そのほとんどが開頭術において頭の後方に向かって脳の手術を受けていた。しかし、息子の手術では、前額部の側頭筋を切る、前頭からのアプローチが必要だった。顔をしかめるたびに、その筋肉が収縮し、痛みが走る。麻薬を打てば必要な鎮痛効果が得られたはずだが、麻薬を投与すると痛みが緩和される代わりに、ぼんやりして脳が機能しているかどうかの評価がしにくくなるという欠点がある。

オーストリアの眼科医カール・コラーは、早くから局所麻酔を採用した人物だった。一八八四年、コラーは自身の目にコカインを注射して実験を行った。私は、傷口を縫合する痛みを軽減するために自分の裂傷にリドカインを注射したことがある。息子が痛みを訴えたので、鎮痛チームが対応し、この筋肉を刺激している神経の近くに局所麻酔を打った。効き目はめざましかった。

神経の近くに正確に針を配置して局所麻酔を注射することにより、持続的かつ効果的に鎮痛を実現することができる。一世紀近く前の戦時中、潜水艦を見つける技術であったソナー（もとの名称は「sound navigation ranging（SONAR）」）は、さまざまな技術的進歩を経て、トランプのカードボックスサイズのプローブ（探触子）を生んだ。プローブを手にもち、神経上部の皮膚にあてて動かすと、超音波による動画が作成され、針の位置を確認しながら体の深部神経に薬液を注入して局所麻酔を行うことができる。超音波器で到達できない神経はない。経験を積んだ麻酔専門医が超音波を利用すれば、腹部のガンや動けないほどの背中の痛みに苦しむ患者など、治療がむずかしい患者の痛みを取ることができる。

昔から、麻酔科医は患者の心から何かを盗むと言われている。回復室にいる患者を早すぎるタイミングで家族に会わせると、この誤解をしている人に確信を与えてしまう。吸入麻酔薬はつま先から頭部に向かって効果が切れていく。手術の後すぐに患者は動けるようになり、質問にも答えることがあるが、認知は脳のもっとも高度な機能を要し、覚醒の終盤になるまで回復しない。患者が自分を認識できないとなれば、家族はおおいに不安になるだろう。

まれに、覚醒時にせん妄が起こることがある。完全に目覚めているように見えても、麻酔から覚めかけている患者が、人、場所、時間を正しく認識できない場合があるのだ。治療には、せん妄状態を解消する「わずかばかりの時間」をおくのではなく、患者に鎮静剤を与えてゆっくりと覚醒させる。短時間眠った後、患者は静かに、何事もなく目を覚まし、家族や友人を認識することができるようになっている。

覚醒は、導入と同じく魔法のようなものだ。私が持ちつづけている麻酔への信心は、麻酔科医としての私のキャリアにおいて必要なものである。三〇年以上医師を続けてきてなお、自分が投与するガスがどんなメカニズムで麻酔をかけるかを説明することができないでいるし、自分が投与する薬剤がなぜ記憶を変化させることがあるのかと困惑する。私自身が麻酔から目覚める経験をしたとき、私がもっとも必要としたものは、妻を見ること、私が確かに大丈夫なのかと心配している妻の顔を見ることだった。そして、どんな薬品よりも大きなやすらぎを与えてくれる愛情に満ちた彼女のほほえみを見たときには胸がいっぱいになった。私の患者が病院に来たときよりもよい体調になって、夫や妻、父や母、そして愛する人々とうれしそうに再会する様子を見るとき、私の心はこの上ない喜びに満たされる。

# 第15章　安全な旅路

ニックは双子の片割れだが、彼だけが先天性疾患をもって生まれた。それはVACTERL連合と呼ばれ、複数の疾患が合併して発生することが多い。この疾患は、脊椎異常、肛門奇形（鎖肛）、心奇形、食道または気管の閉鎖、腎臓異常、および四肢異常を含む。ニックは、生活に支障をきたす橈骨《とうこつ》の異形成——親指がなく、前腕に異常があったため、手がほとんど機能しなかった——と、命を脅かす先天性心臓欠陥があった。

ニックの初めての麻酔体験は、生後まもなくのことだったそうだ。目的は気管食道瘻《ろう》の修復である。気管食道瘻では、胃からあふれた液体が直接気道に入り（咳反射が働かない）肺の感染を生じさせる。彼は、その後何度も麻酔を受けることになった。小児麻酔専門医は、こうした、複数の臓器が関連し、正確さを要求される新生児の症例に対処できるように訓練されている。

私自身が初めてニックに麻酔を施したときのことはよく思い出せない。あれは、彼の人生の初期であり、気管切開が行われたことは覚えている。彼の喉頭はあまり機能していない声帯の下で狭くなっていたため、呼吸が妨げられることにないよう首に挿管する必要があった。手術の後、私は回復室で、そしてその後ニックの病室で彼の両親と話した。二人は、数カ月後に予定されている次の手術でも、ニックを担当してもらえますか、と私に尋ねた。「もちろん、よろこんで」と私は答え、「電話してください」と言った。ニックの両親は、単に一人の患者とか一つの症状という以上にだれかがニックを気にかけてくれていると感じたかったのではないかと思う。たいていの場合、麻酔科医は患者または症状のことだけを話す。私はニックの両親と彼らの息子について話した。

毎年数回、ニックの父親から電話があった。「こんにちは、ジェイ先生。またお願いできますか?」。そしてニックはまた次の手術を受ける。麻酔の後、ニックの両親と話をするとき、しゃべるのはほとんど母親の役割だ。なのに電話をかけてくるのがいつも父親だというのはおもしろいなと思う。ニックが成長するにつれて、私が彼のケアをする回数も増えた。ニックの父親への私の返答はいつも、「手術の日時と場所は?」だった。それから、「では、当日お会いしましょう」で締めくくる。私は、カレンダーに日時を書き入れる。

あるとき、いつものやりとりの後で、私はこう尋ねた。「今回、ニックはなぜ手術を受けるのですか?」。短い沈黙があった。たぶん、ニックの父親は少し息を整える時間が必要だったのだろう。やっと、彼は言った。「心臓のやり直しです。弁の狭窄で」。彼の不安が感じられた。今は一〇歳になっているニックの胸にメスが入れられるのはこれが三回目であり、手術のたびに危険は増していく。ニックはまだまだ子どもなのに、彼の未来にはさらに何回かの手術が待っているのだ。

麻酔を要する手術の日が近づくと、患者だけでなく、家族、外科医、そして私も含めたすべての人がストレスを感じる。新生児をケアするのに私がストレスを感じなくなる日が来たなら、それは私が新しい仕事を探すべきときだ。乳児の状態は突然変化し、対応方法を判断する時間すらないことがある。昔から言われている、「赤ん坊を殺すのはむずかしいが、赤ん坊を傷つけるのは簡単である」という言葉がある。バイタルサインに揺れがあってから、ダメージが生じるまでの時間は、大人の場合に比べるとほんの一瞬である。乳児に麻酔をかけるときには、過剰なほどの慎重さが要求される。

患者にとっては、不安は意識を失ったところで終わる。魔法のような一瞬の場面転換だ。しかし、後に残される者の不安は続く。再び患者に会うのを待つ気持ちが時間の流れを遅くし、一秒は一分に、一分は一時間に感じられる。

麻酔前室に入ると、ニックがカートに座っていた。一瞬、彼の胸でキラッと光が跳ねた。病院内のこの暗い小さな部屋には自然光は入らず、彼のカートがほとんどの場所を占め、向こう側に両親が立つ数十センチのすきまと、こちら側に同じくらいのスペースがあるだけだ。部屋の唯一の明かりがドアの隙間から入って、ニックの胸に反射していた。

さすがに今日は心配でたまらないはずなのに、ニックの両親は、いつものほがらかな笑顔でいつもと同じように明るく私にあいさつをしてくれた。

私はカートのこちら側に椅子を引き寄せた。立っているよりも座ったほうが、医師が患者とより長い時間を過ごすような印象を与えることができる。私にとっても、座ることには意味がある。私の目線は患者を見おろすのではなく、患者と同じ高さになり、その子と話す（その子に話す、のではなく）ことができる。私の意図したとおりに見えるといいのだが。私は心からの気遣いを示し、彼らに安心して欲しかった。

ニックと話しているとき、彼の胸の光が金の聖クリストファーのメダルから反射していることに気づいた。聖クリストファーは、旅人を守護する聖人である。そのメダルには、聖クリストファーが赤ん坊――赤ん坊の姿のキリスト――を肩に乗せる姿と、守護聖人クリストファーという文字が刻まれている。手術はすべての人にとって旅であり、忠実な信者は神の恵みを求め、精神的な安らぎを守護聖人から得ようとする。ニックとの話が終わると、私は両親に顔を向けた。

「手術中、聖クリストファーにニックを見守ってもらいましょうか？」

「無理はなさらないでください」と母親は答えた。

私はあえて言い張った。「いえいえ、何の問題もありませんから」。私は、両親の不安を少しでも軽くしてあげたかったのだ。

「ありがとうございます」

聖クリストファーのメダルを手に握って、ニックと私は手術室に向かった。手術室に入ると、私は、ニックの頭の横の位置で手術台のシーツにメダルをピンで留めた。

以前の手術で負った傷のために長時間に及んだ手術の後、ニックは集中治療室に搬送された。すべてが順調に進んだので、私は彼の両親と上機嫌で話をした。それから、デスクワークを片づけるためにオフィスに戻った。山ほどの書類仕事をこなさなければならないことを、メディカルスクールでは警告してくれなかった。

私のポケベルが鳴った。集中治療室からだ。すぐに合併症のことが心をよぎった。起こりうるすべての問題とその対処方法をざっと頭のなかで確認して、急いで電話をかけた。

「ドクター・ジェイです。ポケベルで呼ばれたんだけど。たぶんニックのことだと思う」

「私です、先生」、とニックの担当看護師が言った。「お呼びしたのは、ご両親が聖クリストファーのメダルがどこにあるか先生がご存知ではないかとおっしゃるので」

「ああ、クソッ！」

合併症のことを聞くよりも激しく私の鼓動は跳ね上がった。

「どうしたんですか？」

「後で連絡します」

受話器を置くより早く、私は走り出し、ホールを抜け手術室に向かった。手術室はすでに掃除が済んでいて、リネンもごみもなくなっていた。私は棚、カート、引き出しを全部探したが、メダルはなかった。手術室の備品を管理している看護師（ニックの手術には入っていなかった）に、メダルがありそうな場所に心あたりがないか聞いた。

「メダルはどこにもありませんでしたよ、先生。私はさっきここに来たばかりですが」。手術に立ち会った看護師たちはもうここにはいないので、どうしようもない。

私の心は重く沈んだ。

「手術の後、リネンはどうなるんだい？」

「使用済みのリネンはユーティリティルームに持ち込まれます。麻酔備品室の裏手の部屋です」

私はその部屋の前を何千回も通っていたが、その用途は知らなかった。洗濯物が別の場所に移される前にそこに行き着かなければ、と思った。息を切らしながらユーティリティルームに走りドアを開けると赤色の山が目に飛び込んできた。手術で出た汚れ物は赤いビニール袋に入れられ、この部屋に運ばれる。六メートルほどの背部の壁が、その日使われたすべてのシーツ、ドレープ、タオル、毛布が入った何十というビニール袋で埋まっていた。積み重なったビニールの高さは少なくとも一・五メートルはあろう。直前の手術で使われたものは一番上にあるだろうと考え、上のほうからビニール袋をおろして、ひとつひとつ中身を調べた。聖クリストファーはいなかった。一〇個ほどの袋を調べ、ついに私はあきらめた。

頭を垂れ、引きずるような足取りでＩＣＵに行った。勇気をかき集め、私はニックの両親を見た。

「すみません。すべての場所を探したのですが」と、おそろしい知らせを伝えるために裏返った声で私は言った。

「気にしないでください、ジェイ先生」、とニックの母親は言ってくれた。「そんなに貴重なものではありませんから」

彼女は失ったもののことより、私と私の失敗を気の毒に思っているように見えた。

「とても大切なメダルだったはずです。弁解の余地もありません」

「いいえ、ほんとに大丈夫ですよ」

私は、メダルについて配慮できた自分にも、ニックの手術の結果にも満足していたが、今やすっかり打ちのめされていた。

「どうかしたの？」。その夜の夕食のとき、妻が私に尋ねた。私は内心の失望を隠しきれなかった。

「今日、ぼくは神を失った」

「何ですって？」

「患者の聖クリストファーのメダルをなくしてしまったんだ」

その日の出来事を追体験し、私は深く落ち込んだ。ニックは順調に回復し、一週間もかからず退院していった。


私はメダルの件をしばらくうじうじと気に病んでいた。聖クリストファーのメダルが私の胸にピンで刺さっているかのような痛みを感じ、しじゅう自らの失敗を思い出した。よいことをすると必ず罰を受けるというフレーズが頭に浮かんだ。患者にとって、あるいは親にとって価値のある物や慰めになる物——毛布やぬいぐるみから宗教的なアイコンまで——を手術室に持ち込まないほうが事は単純だ。そうすれば、何もなくしたりはしないのだから。しかし、それは負け犬根性だ。

子どもと麻酔について書いてある本や記事は、安全な小児麻酔管理を提供する方法を教えてくれるが、子どもとその親をケアする方法について教えるものはない。私は、家族の不安を和らげてくれそうな魔除け、お守り、祈禱書、その他の信仰の対象を手術室に持ち込み、手術のあいだ、愛する者の頭の横に置いておけるよう力を貸すことに決めた。ただし私は、私の管理下にあるかぎり、患者がこうしたお守りを二度と失うことがないように全力を尽くしている。なので、私は、あれ以来何もなくしていない。

六カ月ほどが過ぎたある日、私のオフィスのドアにメッセージが貼られ、そこに見慣れた折り返し電話番号が添えられていた。

「こんにちは、ジェイ先生。またお願いできますか……?」とニックの父親——電話はいつもお父さんだ——が尋ねてきた。

「もちろん」

彼はいつものように感じがよかった。

「また私に声をかけてもらえてうれしいです」

「そんなこと、あたりまえですよ」

今回はフォローアップの手術で、彼らが到着した日に手術が問題なく行われ、ニックはすぐに回復室に移された。

およそ三〇分後、回復室から呼び出された。看護師はニックの両親にもう一度会ってほしいと言う。私が回復室に着くと、二人はニコニコ笑っていた。

ニックの父親が私を見て、聞いた。「ジェイ先生、ニックのベッドの上にあるこの聖クリストファーメダルがどこから来たのか、先生ならご存知だと思うのですが」。彼はメダルを手に持っていた。

私は声を出せないほど驚いた。そして、私の顔にほほえみが広がった。

「神のみわざは神秘に満ちていますね」と私は言った。

回復室を出て歩きながら、聖クリフトファーのメダルをなくしたことの刺すような痛みが消えていくのを感じた。

五年が過ぎたある日、病院の管理スタッフから、オフィスに来ていただけますかという電話が入った。そこにはニックと彼の両親が立っていた。彼らは用事があってこの町を訪れ、私に会いに病院に立ち寄ってくれたという。ニックはすばらしく元気そうだった。ハイネックのジャージを着ていたので、彼が首にあのメダルをかけているかどうかは見えなかった。しかし、彼の両親が私をぎゅっと抱きしめてくれた。これこそ、私が何度でもここに戻ってくる理由なのだ。

# 謝辞

次のみなさんに感謝を述べたい。レスリー・ルビンコウスキーに。彼女は、堅苦しい文体（「患者は十六歳男性、ＲＵＱ（右上腹部）の疝痛を訴え腹腔鏡手術もしくは開腹による胆嚢摘出を予定している……」）を一般の人にも読みやすい文章にするよう力を貸してくれた。パッツィー・シムズに。ガウチャーＭＦＡプログラムに私を受け入れてくれた。フランク・セレニー、ケーシー・ファーリット、アンディ・ロスをはじめとする多くの同僚たちに。長年にわたり私に刺激を与えてくれている。ダイアナ・ヒューム・ジョージ、ディック・トッド、スザンナ・レザードに。私のメンターと言うべき人々だ。とくに、本書のタイトルにこだわるよう私を導いてくれた、マデリン・ブレーズに感謝する。ジョイ・チューテラとデビッド・ブラック・エージェンシーに。私の文章力に希望を見出してくれた。Ｗ・Ｗ・ノートン社のマット・ウェイランドに。私があたためていたテーマを磨き上げてこの作品を生んでくれた。そして、何千人という私の患者に。命と向き合い、ケアを提供する機会を与えてくれた彼らに深く感謝する。

# 参考文献

以下のリストは網羅的なものではないが、私が本書の各章で調査のために使用した主な資料である。


## はじめに

*Anesthesia in the United States 2009.* Schaumburg, IL: Anesthesia Quality Institute, 2009.

Bigelow, H. J. "Insensibility during Surgical Operations Produced by Inhalation." *Boston Medical and Surgical Journal* 35, no. 16 (November 1846): 309–17.

## 第1章　深い眠り

Ball, C. M., and R. Westhorpe. "Ether before Anaesthesia." *Anaesthesia and Intensive Care* 24, no. 1 (February 1996): 3.

Brown, E. N., R. Lydic, and N. D. Schiff. "General Anesthesia, Sleep, and Coma." *New England Journal of Medicine* 363, no. 27 (December 30, 2010): 2638–50.

*Discovery of Anesthesia by Dr. Horace Wells: Memorial Services at the Fiftieth Anniversary.* Philadelphia: Patterson & White, 1900.

"Dr. C. W. Long, the Great Discoverer of Anesthesia." *Atlanta (GA) Constitution*, October 13, 1889, 8.

Duncum, B. M. "Ether Anaesthesia, 1842–1900." *Postgraduate Medical Journal* 22, no. 252 (October 1946): 280–90.

Eckenhoff, J. E. *Anesthesia from Colonial Times.* Philadelphia: J. B. Lippincott, 1966.

Fenster, J. M. *Ether Day*. New York: HarperCollins, 2001.

General-Anesthesia.com. Accessed December 17, 2015. http://www.generalanesthesia.com.

Haridas, R. P. "Horace Wells' Demonstration of Nitrous Oxide in Boston." *Anesthesiology* 119 (November 2013): 1014-22.

Leake, C. D. "Valerius Cordus and the Discovery of Ether." *Isis* 7, no. 1 (1925): 14-25.

Lewis, J. H. "Contribution of an Unknown Negro to Anesthesia." *Journal of the National Medical Association* 23, no. 1 (January 1931): 23-24.

Plomley, F. "Operations upon the Eye." *Lancet* 48, no. 1222 (January 1847): 134-35.

Roland, C. G. "Thoughts about Medical Writing XXXV. 'Let's Call It Hebetization.'" *Anesthesia and Analgesia* 55, no. 3 (May 1976): 366.

"The Wacky History of Nitrous Oxide: It's No Laughing Matter." *DOCS Education* (blog). July 20, 2015. http://docseducation.com.

Wood Library-Museum of Anesthesiology. "History of Anesthesia—Interactive Timeline." Accessed December 06, 2016. https://www.woodlibrarymuseum.org.

## 第2章　麻酔科医のコマンドセンター

Cooper, J. B., R. S. Newbower, C. D. Long, and B. McPeek. "Preventable Anesthesia Mishaps: A Study of Human Factors." *Anesthesiology* 49, no. 6 (December 1978): 399-406.

Lohr, K. N., and H. B. Brook. *Quality Assurance in Medicine: Experience in the Public Sector*. Santa Monica, CA: Rand Corporation, 1984.

Newbower, R. S., J. B. Cooper, and C. D. Long. "Learning from Anesthesia Mishaps: Analysis of Critical Incidents in Anesthesia Helps Reduce Patient Risk." *QRB. Quality Review Bulletin* 7, no. 3 (March 1981): 10-16.

QFD Institute. "Deming Influence on Post-war Japanese Quality Deployment." Accessed August 22, 2013. http://www.qfdi.org.

US Department of Defense. "DoD News Briefing-Secretary Rumsfeld and Gen. Myers." February 12, 2002. http://archive.defense.gov/Transcripts/Transcript.aspx?TranscriptID=2636.

## 第3章　五つのA

Burney, F., and P. Sabor. *Journals and Letters of Frances Burney*. New York: Penguin Classics, 2001.

Cooper, A. "An Anxious History of Valium." *Wall Street Journal*, November 15, 2013.

Irving, J. "Trephination." In *Ancient History Encyclopedia*. May 1, 2013. http://www.ancient.eu.

Kane, J. "Historical Ties to Rubber Gloves, Beverages, Freud's Nightmares." *The Rundown*（blog）. *PBS NewsHour*. October 17, 2011. http://www.pbs.org/newshour/rundown.

Lathan, S. R. "Caroline Hampton Halsted: The First to Use Rubber Gloves in the Operating Room." *Proceedings (Baylor University Medical Center)* 23, no. 4（October 2010）: 389-92.

Malignant Hyperthermia Association of the United States. Accessed December 1, 2016. http://www.mhaus.org.

Meyer, F. "Mrs. Winslow's Soothing Syrup-Oooh So Soothing." *Peachridge Glass*（blog）. January 5, 2013. http://www.peachridgeglass.com.

"'Mother's Little Helper,'—Valium." US History（blog）. May 5, 2010. http://sadieushistory.blogspot.com.

"Mrs. Winslow's Soothing Syrup for Children Teething.; Letter from a Mother in Lowell, Mass. a Down-town Merchant." *New York Times*, December 1, 1860.

National Alliance of Advocates for Buprenorphine Treatment. "A History of Opiate Opioid Laws in the United States." October 29, 2013. http://www.naabt.org.

Raghavendra, T. "Neuromuscular Blocking Drugs: Discovery and Development." *Journal of the Royal Society of Medicine* 95, no. 7（July 2002）: 363-67.

## 第4章　線路のような麻酔記録


Barsoum, N., and C. Kleeman. "Now and Then, the History of Parenteral Fluid Administration." *American Journal of Nephrology* 22（2002）: 284-89.

Cannard, T. H., R. D. Dripps, J. Helwig, and H. F. Zinsser. "The Electrocardiogram during Anesthesia and Surgery." *Anesthesiology* 21, no. 2（March-April 1960）: 194-202.

ECG Library. "A（Not So）Brief History of Electrocardiography." December 4, 1996. http://www.ecglibrary.com.

Kutz, S., and J. P. O'Leary. "Harvey Cushing: A Historical Vignette." *American Surgeon* 66, no. 8（August 2000）: 801-3.

Mallon, W. J. "E. Amory Codman, Surgeon of the 1990s." *Journal of Shoulder and Elbow Surgery* 8, no. 2（March-April 1999）: 204.

Zeitlin, G. L. "History of Anesthesia Records." APSF [Anesthesia Patient Safety Foundation] 25th anniversary edition. Wood Library-Museum of Anesthesiology. Accessed June 27, 2016. www.woodlibrarymuseum.org/news/pdf/Zeitlin.pdf.


## 第5章　マスクの恐怖


"Hippocratic Oath." In *Encyclopaedia Britannica.* Accessed March 1, 2013. http://www.britannica.com.

"History of Medicine." In *Encyclopaedia Britannica.* Accessed December 17, 2015. http://www.britannica.com.

Poland's Syndrome. "Frequently Asked Questions about Poland's Syndrome." Accessed January 15, 2013. http://www.polands-syndrome.com.（Site no longer active.）

White, W. D., D. J. Pearce, and J. Norman. "Postoperative Analgesia: A Comparison of Intravenous On-Demand Fentanyl with Epidural Bupivacaine." *British Medical Journal* 2（1979）: 166-67.


## 第6章　絶飲食


Knight, P. R., and D. R. Bacon. "An Unexplained Death: Hannah Greener and Chloroform." *Anesthesiology* 96（2002）: 1250-53.

Mendelson, C. L. "The Aspiration of the Stomach Contents into the Lungs during Obstetric Anesthesia." *American Journal of*

*Obstetrics and Gynecology* 52 (August 1946): 191-205.
Rusch, D., L. H. J. Eberhart, J. Wallenborn, and P. Kranke. "Nausea and Vomiting after Surgery under General Anesthesia." *Deutsches Ärzteblatt International* 107, no. 42 (October 2010): 733-41.
"The Short, Sad Life and Tragic Death of Hannah Greener." *Brian Pears* (blog). May 30, 2015. http://www.bpears.org.uk.

## 第7章　心臓の鼓動

Conger, K. "For Transplant Patients, the Teenage Years Are the Most Precarious." *Stanford Medicine Magazine*, Fall 2007.
Krishnamurthy, V., C. Freier Randall, and R. Chinnock. "Psychosocial Implications during Adolescence for Infant Heart Transplant Recipients." *Current Cardiology Reviews* 7, no. 2 (May 2011): 123-34.

## 第8章　特別変わった患者

Eger, E. I., L. J. Saidman, and B. Brandstater. "Minimum Alveolar Anesthetic Concentration: A Standard of Anesthetic Potency." *Anesthesiology* 26, no. 6 (1965): 756-63.
Fish, R., P. J. Dannerman, M. Brown, and A. Karas. *Anesthesia and Analgesia in Laboratory Animals*. Salt Lake City, UT: Academic Press, 2008.

## 第9章　つきまとうミス

Jubran, A. "Pulse Oximetry." *Critical Care* 19 (2015): 272.
Pedersen, T., A. Nicholson, K. Hovhannisyan, A. Moller, A. F. Smith, and S. R. Lewis. "Does Monitoring Oxygen Level with a Pulse Oximeter during and after Surgery Improve Patient Outcomes?" *Cochrane*, March 17, 2014. http://www.cochrane.org.

## 第11章　折り鶴

Aggrawal, A. *Narcotic Drugs*. New Delhi, India: National Book Trust, 1995.

Alvarez, D. J., and P. G. Rockwell. "Trigger Points: Diagnosis and Management." *American Family Physician* 65, no. 4 (February 2002): 653–61.

Centers for Disease Control and Prevention. "Cerebral Palsy (CP)." January 15, 2015. http://www.cdc.gov/ncbddd/cp.

Centers for Disease Control and Prevention. "Increases in Heroin Overdose Deaths—28 States, 2010 to 2012." *Morbidity and Mortality Weekly Report (MMWR)* 63, no. 39 (October 3, 2014). http://www.cdc.gov/mmwr.

Creech, R. D. *Reflections from a Unicorn*. Los Angeles: R. C. Publishing, 1992.

Edwards, S. A. "Paracelsus, the Man Who Brought Chemistry to Medicine." Scientia (blog). *American Association for the Advancement of Science*. March 1, 2012. http://www.aaas.org/blog/scientia.

"Opium throughout History." Frontline. Accessed May 9, 2016. www.pbs.org/wgbh/pages/frontline/shows/heroin/etc/history.html.

PainFocus. "Measuring Pain." Accessed April 28, 2016. http://www.painfocus.com/pc/measuring-pain.

Rosenblum, A., L. A. Marsch, H. Joseph, and R. K. Portenoy. "Opioids and the Treatment of Chronic Pain: Controversies, Current Status, and Future Directions." *Experimental and Clinical Psychopharmacology* 16, no. 5 (October 2008): 405–16.

T. E. C. Jr. "What Were Godfrey's Cordial and Dalby's Carminative?" *Pediatrics* 45, no. 6 (June 1970): 1011.

"The *Time* Vault: 1945 Dolorimeter." *Time* 45, no. 1 (1945): 8.

Wong, D., and C. Baker. "Pain in Children: Comparison of Assessment Scales." *Pediatric Nursing* 14, no. 1 (January-February 1988): 9–17.

## 第13章　目で見て、やってみて、教えてみよ

Doolittle, J., P. Walker, T. Mills, and J. Thurston. "Hyperhidrosis: An Update on the Prevalence and Severity in the United States." *Archives of Dermatological Research* 308, no. 10 (December 2016): 743–49.

Goldstein, R. A., C. DesLauriers, and A. M. Burda. "Cocaine: History, Social Implications, and Toxicity—A Review." *Disease-a-Month* 55, no. 1 (January 2009): 6-38.

Johnson, C. M. "Caudal and Transsacral Anesthesia." *California and Western Medicine* 45, no. 1 (July 1936): 48-51.

Shem, S. *House of God*. New York: Dell, 1980.

"What Is the Plural of 'Penis'?" *The Straight Dope* (blog). January 13, 2004. http://www.straightdope.com.

Windeler, E. C. H. "Hyperhidrosis." *Canadian Medical Association Journal* 35, no. 4 (October 1936): 453.

## 著者略歴

(Henry Jay Przybylo)

シカゴ在住．ノースウェスタン大学医学部麻酔科准教授．麻酔科医として軍医を務め，現在は小児科を専門とし，年間1000人以上の子どもに麻酔処置を行っている．また，ガウチャー大学においてクリエイティブ・ノンフィクションのMFAを取得している．

## 訳者略歴

小田嶋由美子〈おだじま・ゆみこ〉翻訳家．明治大学大学院法学研究科修了．訳書にヤング『インターネット中毒』（毎日新聞社 1998）スパーダフォリ他『猫のいる生活』（清流出版 2003）アング『デジタル写真大事典』（共訳 エムピーシー 2005）ガワンデ『予期せぬ瞬間』（共訳 みすず書房 2017）ウェスタビー『鼓動が止まるとき』（みすず書房 2018）などがある．

## 監修者略歴

勝間田敬弘〈かつまた・たかひろ〉大阪医科大学外科学講座胸部外科学教室教授．心臓血管外科専門医．東京女子医科大学附属日本心臓血圧研究所循環器外科，英国ジョンラドクリフ病院心臓外科（1996-2000）などを経て現職．7000例を超える心臓血管外科手術に携わる．監修書にウェスタビー『鼓動が止まるとき』（みすず書房 2018）がある．

ヘンリー・ジェイ・プリスビロー
意識と感覚のない世界
実のところ、麻酔科医は何をしているのか
小田嶋由美子 訳
勝間田敬弘 監修

2019年12月16日　第1刷発行

発行所 株式会社 みすず書房
〒113-0033 東京都文京区本郷2丁目20-7
電話 03-3814-0131（営業）03-3815-9181（編集）
www.msz.co.jp

本文印刷所 精文堂印刷
扉・表紙・カバー印刷所 リヒトプランニング
製本所 松岳社
装丁 大倉真一郎


ISBN 978-4-622-08866-0
［いしきとかんかくのないせかい］